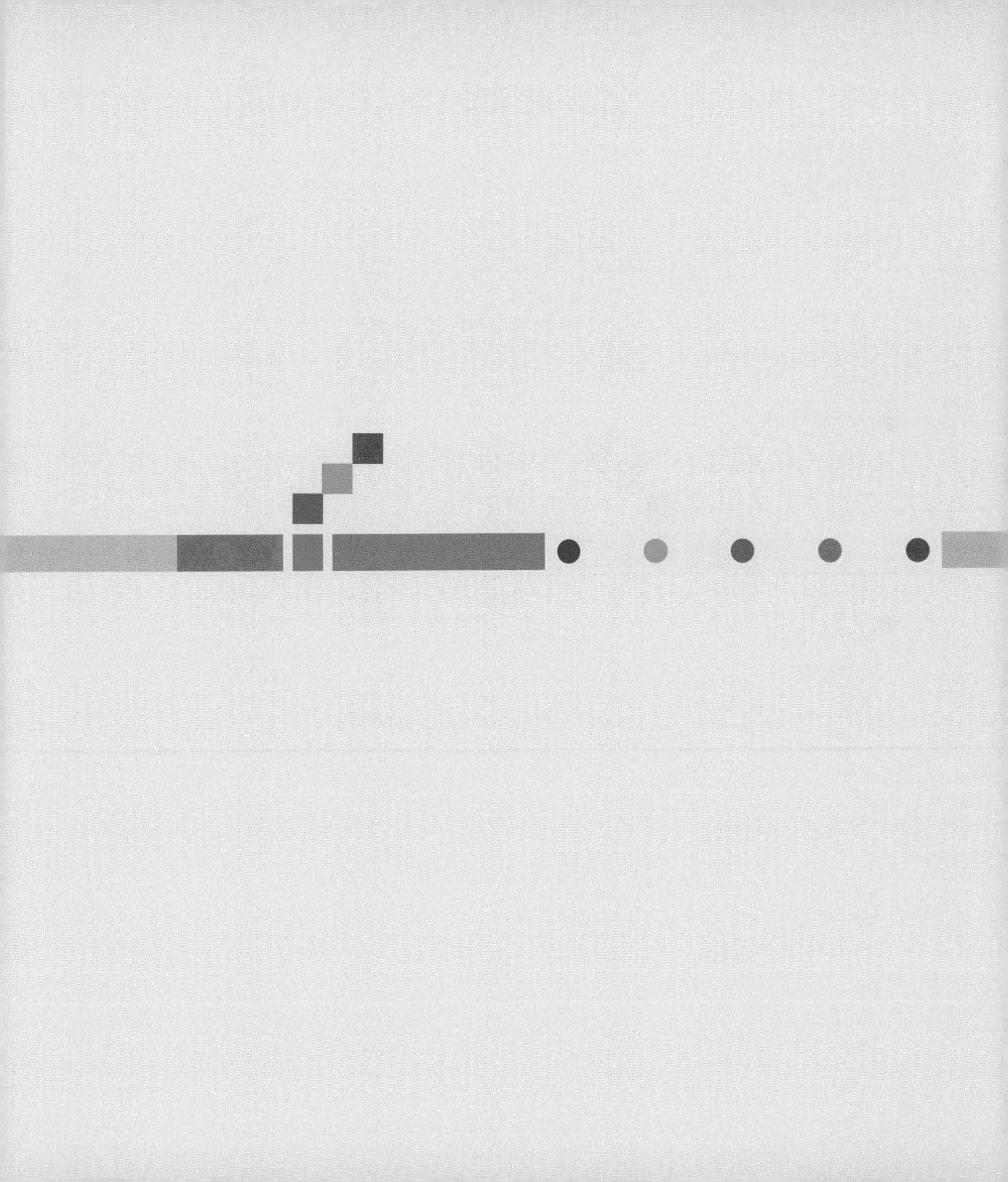

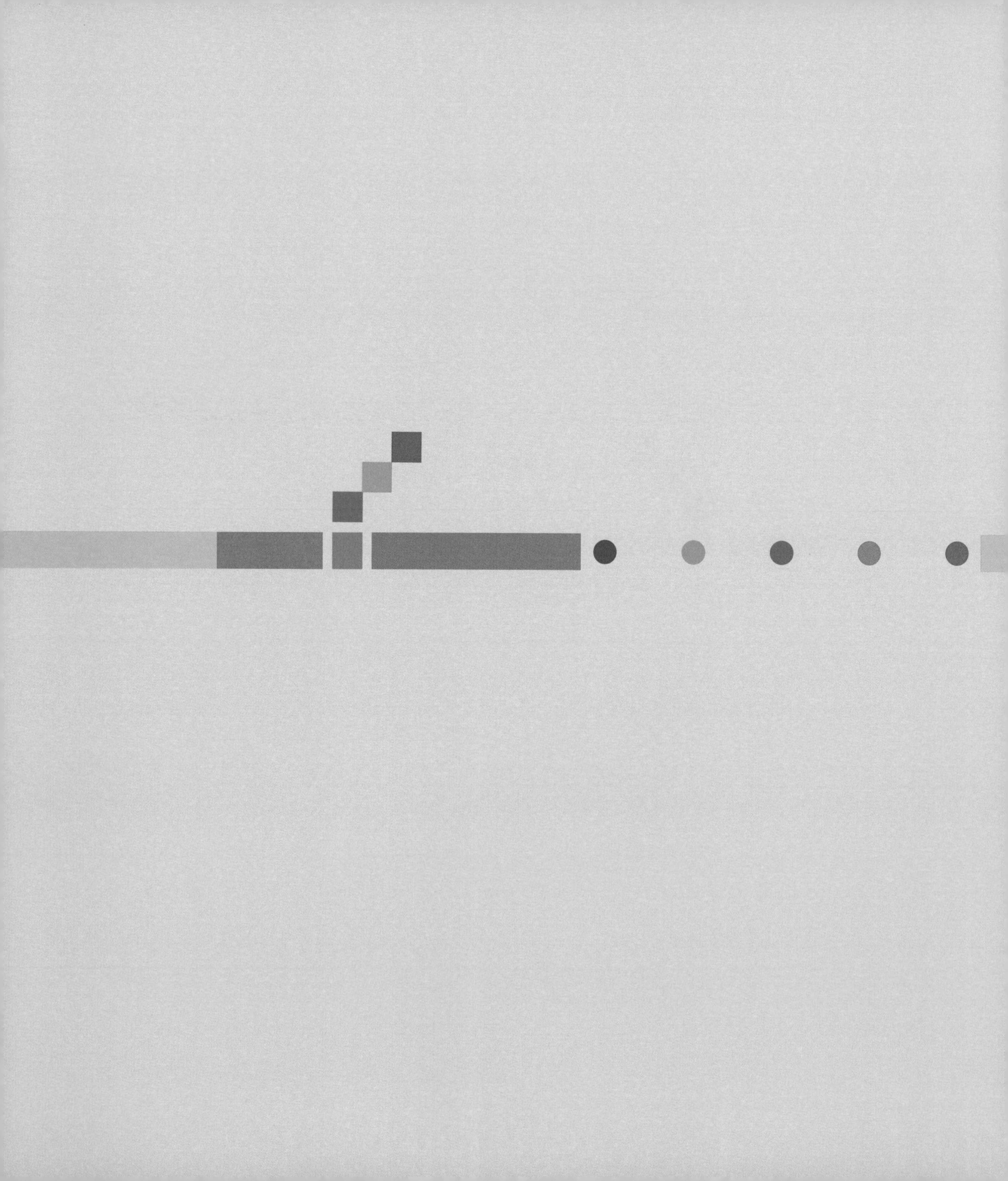

U-Start, Youth Star

30個構築世界的創業夢想

目錄

目錄

目錄

畫出嶄新的天際線

唐鳳｜行政院政務委員

16歲時，我第一次創業，成為公司合夥人，那時候對於商業的理解比較單純，我更關注的是技術能創造出來的價值。

後來我去矽谷，又多了幾次創業經驗，我開始理解「三重底線」的意思，也就是企業除了要追求利潤最大化，也要謹守經濟責任、環境責任和社會責任。

在我入閣後，我負責的其中一個業務是「社會創新」，我因此認識了許多懷抱社會使命的朋友，他們透過創新的商業模式和跨領域的協作，創造出經濟價值的同時，也為環境和社會問題提出創意解方。

在這些兼具巧思和熱情的夥伴中，許多都是35歲以下的青年朋友，甚至是在學學生。他們之所以可以無後顧之憂地投入創新行列，是因為他們擁有教育部「U-start 創新創業計畫」作為他們的堅強後盾。

教育部「U-start 創新創業計畫」設立的「校園創業育成輔導」機制，為青年朋友提供創業實驗場域與資源。開辦至今已 有3,222個團隊提出申請、1,111個團隊獲得補助，催生近800家新創公司；和原住民委員會合作的「U-start 原漾計畫」從去年推動至今，也已經輔導成立21家新創公司。

U-start 計畫和這些夥伴的做法與成果，也充分實現了大學社會責任實踐（USR）的精神：師生透過學習和實作，推動社會永續向前。目前我們在社會創新組織資料庫

中，除了公司、非營利組織包括合作社、基金會、協會，也特別將學校納入社會創新組織的範疇中。

U-start 創新創業計畫的碩果纍纍，在我看來，關鍵在於它提供了讓同學們試錯的空間。我從臺灣到矽谷，創業失敗超過30次，這段經歷讓我發現，失敗無處不在，我在矽谷所遇到的創業家們，都經歷過許多次失敗，但每一次失敗留下的紀錄，不只成為自己的創業經驗，也為其他人省下了嘗試的成本，成為整個生態圈的寶貴資產。

從當年我在矽谷創業時的經歷，再到現在這些親身實踐社會創新的青年朋友，讓我看到，無論是商業行為或是社會行動，只要我們勇敢連結彼此、分享所學，就有機會讓更多人發揮所長，讓世界變得更好。

感謝「U-start 創新創業計畫」，讓青年朋友們在三重底線的基礎上，畫出嶄新的天際線，也歡迎所有閱讀這本書的朋友，一起加入社會創新的行列，透過我們的暖實力，為世界貢獻己力。

讓夢想在未來發光

陳雪玉｜教育部青年發展署署長

為什麼想創業？
知不知道創業很可能會失敗？
就算知道很可能會失敗，還是想創業嗎？

去年9月，我赴教育部青年發展署任職；在此之前，已在教育部服務多年，對於新創領域、對於「U-start創新創業計畫」並不陌生。今年11月，看著本年度U-start計畫績優團隊贏得創業的第一桶金，站在舞臺上的他們笑容燦爛，一方面，我為他們勇敢逐夢、勇闖未來的豪氣鼓掌；另一方面，我又忍不住想問問他們這三個問題。

這三個問題，也是走過艱辛創業之路的U-start「學長姐」們，想問未來「學弟妹」的重要問題。

創業，是修業年限未知、必修科目未知、學分數未知的學程組合。
創業課程的導師，散布在「社會大學」各處，你不知道該向誰學習。有時網友的一句批評、電視的一則廣告，都有可能是創業成功與否的關鍵。

創業路上，常常是孤獨的。有時遭受冷嘲熱諷，有時必須為了公司生存而低頭；有時甚至會讓你懷疑自己、懷疑人生。

但，即使充滿著未知、路上很孤獨，還是有許多創業家大膽挑戰。為什麼？

因為，他們想改變世界、想創造價值、想具有影響力、想實現自我。

這本書所收錄的30個創業故事，都是在U-start創新創業計畫中，表現傑出的團隊。他們有些已在創業路上紮好馬步、穩健前行；有些才剛起步，正努力克服所有困難。

「不放棄」是他們共同的精神；「使命感」是他們共同的動力。在書中，他們坦承自己的挫折、自己的不足，分享他們的初衷、他們的堅持。一篇篇閱讀下來，有心疼，有不捨，有敬佩，有感動。尤其在Covid-19疫情襲捲全球的今天，無論創業資歷深淺，他們無一不想方設法，努力讓公司衝破困境。

這30個故事，對於未來的創業家來説，猶如30堂親身示範的創業課程；這30個夢想，對我們所處的世界而言，象徵著美好價值的嚮往。看完後，如果你決定啟動創業步伐，堅定創業決心，歡迎申請U-start創新創業計畫；如果你身邊有人正在創業路上堅持奮鬥，希望你多給他一個擁抱、一句加油。

無數個夢想，組成世界的模樣。祝福每一個新世代的創業夢想，都能在未來的宇宙中閃閃發光！

陳寶玉

U-start創新創業計畫
協助你　勇敢踏出創業第一步

教育部青年發展署推動「U-start創新創業計畫」，結合學校育成輔導資源，提供青年創業實驗場域與第一桶金，並設有創業門診、實地訪視服務及創業社群連結，提升青年創業知能及實戰能力，進而帶動校園創新創業氛圍。另為提升原住民族青年創新創業培力，亦與原住民族委員會合作推動「U-start原漾計畫」，協助原住民族青年學子實踐創業夢想。

兩階段作業提供創業補助及獎金

- 第一階段－補助款：新臺幣50萬元（提案通過審查者，補助學校創業輔導費用15萬元及創業團隊創業開辦費35萬元）。
- 第二階段－創業獎金：新臺幣25萬元至100萬元。
- 外部資源：透過U-start計畫介接其他部會創業資源。

誰可以參加？

- 第一階段：設有育成單位之公私立大專校院與創業團隊（至少3人組成）共同提出申請
- 第二階段：由通過該年度第一階段補助，且已成立公司或商業登記之創業團隊提出申請

創業團隊成員有什麼限制？

- U-start團隊成員應有2/3以上（無條件進位）為大專院校近5學年度畢業生或在校生（含專科四年級以上、在職專班學生），並由其中一位擔任代表人
- U-start原漾團隊成員應有1/2以上（無條件進位）為大專校院原住民族近5學年度畢業生或在校生（含專科四年級以上、在職專班學生），並由其中一位擔任代表人
- 其餘團隊成員可為18歲（含）以上至35歲（含）以下之社會人士或取得居留證之外籍人士
- 每人限參與一組團隊
- 申請之創業團隊成員未曾接受U-start／原漾計畫補助
- 申請時未設立公司行號，且所有團隊成員不得為公司行號負責人
- 團隊成員於計畫執行期間應全職投入本計畫，不得在他處任職工作

更多資訊，請上「U-start創新創業計畫」官網
https://ustart.yda.gov.tw/bin/home.php

98年 **臺灣第一個校園創業天使補助 踏出青創第一步**

因應金融海嘯，教育部依據「振興經濟擴大公共建設特別條例」，以「勇於挑戰、大膽創新」的精神開辦U-start計畫，提供近3學年度大專畢業生創業補助，培育校園創業團隊，協助青年創業實踐。

99年 **持續深入大專校院 鼓勵畢業生勇敢逐夢**

吸引6成以上大專校投入校園創業育成，形塑校園創業風潮，培養具創業家精神人才。

100年 **帶動青年創業風潮 擴大創意實踐機會**

擴大申請資格為近5學年度畢業生皆可參加，鼓勵理論實務兼具，實踐創新，共創未來。

101年 **帶動高教教學創新 重視創業家精神養成**

往前延伸創業知能教育，催生「大學校院創新創業扎根計畫」，培養學子創業家精神，開始協助U-start企業進行群眾募資，集合力量，擴大資源基盤，實現夢想。

102年 **開放碩博士生在校生申請 放大技術 能量加值**

導入校園研究及技術能量，加乘校園創新創業氛圍。

103年 **社會企業起步走 U-start領著走**

同步響應「社會企業行動方案」，推動營造有利於社會企業創新、創業、成長與發展的生態環境，增列「社會企業」獎金，鼓勵青年應用創意，結合商業模式解決社會問題。

104年 **深化校園育成機制 陪伴青創第一哩路**

將育成輔導列入評選項目，鼓勵學校育成單位投入更多育成輔導資源，協助新創團隊挑戰真實市場。

105年 **開辦創業門診服務 挑戰國際 鼓勵新南向**

導入創業獎金機制，提升團隊自主運用資金實戰能力；超過100位業師投入「U-start創業門診服務」，協助團隊串接資源及解決創業各項疑難雜症；增列新南向獎金，鼓勵創業團隊挑戰國際市場。

106年 **擁抱國際優秀人才 共圓在臺創業夢**

開放外籍生及大專校院在校生參與創業團隊申請，培育臺灣青年國際創業合作能力，鼓勵在臺創業，共築創業夢。

107年 **響應聯合國「永續發展目標」 發揮社會影響力**

連結聯合國SDG「全球永續發展目標」，以循環經濟為主題，新增「社會企業」申請類別，鼓勵青年共同致力於打造更美好的世界。

108年 **運用創新創業的思維 促進教育創新翻轉**

申請類別除原有的服務業、製造業、文化創意業及社會企業，新增「教育創新」類別，鼓勵透過創新創業行動發揮多元社會影響力。

109年 **順應產業發展趨勢及政策重點 動態調整補獎助資源輔導範疇**

U-start計畫調整申請類別為「製造技術」、「文創教育」、「創新服務」及「社會企業」四大類。

推動U-start原漾計畫 協助原住民族青年學子實踐創業夢想

與原民會首度合作推動「U-start原漾計畫」，協助原住民族青年運用原鄉部落傳統、文化、在地特色農作物及人脈。

Chapter 1

構築世界的

為我們的生活，注入美好的力量；

為我們的生活，累積豐沛的文化！

生活力

走走家具｜宋倍儀

以重複組裝 讓家具陪著人們一起遷徙

走走家具小檔案

代表人：宋倍儀（左二）
共同創辦人：黃璟平（右一）、陳姿婷（右二）
獲U-start創新創業計畫105年度補助

因房價高漲，六都生活圈中，來自外地的學生及上班族，多半為租屋族。租屋雖帶來遷徙的便利性，但搬家總是一項大工程，特別是床架、衣櫥等大型家具。

「如果家具可以拆裝帶著走，該有多方便！」走走家具的執行長宋倍儀，求學時期經歷幾次搬家，深感家具帶來的困擾，有時是房東提供的家具不夠美觀，有時是組裝家具容易故障，最難過的是，相處時很愛的家具，搬家卻難以帶走，導致無法好好享受屬於自己的生活質感。

頂著設計碩士的學歷，宋倍儀畢業後進入職場，心中依然掛記著「可以帶著走的家具」，找來研究所同學黃璟平和陳姿婷商量。即便三個人都沒有真正從無到有做家具的經驗，還是一起催生了「走走家具」。

從無到有　開創在地家具新品牌

一開始，三人找資料、做調查，不停畫設計圖、共同討論、調整修正，慢慢讓家具商品成形。在沒有知名度的情況下，

接受自己在創業過程中，會有很多的改變。

尋找代工廠的過程波折不斷，因為他們深知板材的選擇，將直接影響產品使用的效能。「我們的家具很精巧，組裝上只要一點點的差距，都會影響結構。」經過多方嘗試，他們選擇樺木夾板為家具板材，因為它穩定度高、質感好，即使在臺灣如此潮濕的環境中，也不會受潮膨脹，耐用度遠勝過其他實木板材。

走走家具的商品特點是可以重複拆裝。一般組裝式家具的材料以木心板、木屑板或密集板為主，這類板材組裝一次便產生孔洞，破壞材料本身結構，所以無法拆掉再重新組裝。因此走走家具不以傳統家具所使用的木榫為接合工具。「把走走家具想像成樂高的形式和結構，將『凹』與『凸』結合起來，再以少量的螺絲固定，完成後家具很穩固，即便拆開再組裝也不會影響結構和使用。」

既然市場鎖定在租屋族，走走家具成立初期，一次推出滿足一個小套房所需用的整套家具，包含單人床、工作桌、單人椅、衣架與各種置物架等八種產品；全部拆解後的體積，一輛小客車就能載運。宋倍儀一年多來的夢想，終於化為成品。

募資提前終止 創業最大挫折

「我們覺得能把產品做出來，真的很酷！」當時募資平臺剛興起，使用者不太多，於是他們決定透過募資取得專案開發經費；如果完成這個專案開發，一定是個有趣的人生經驗。然而他們三人嘗試後發現，公司的研發過程不只需要資金，也要取得消費者信任。於是他們參加U-start創新創業計畫，為自己贏得創業基金，並設立公司。

這些在各項競賽中脫穎而出的想法，獲得許多消費者的鼓勵留言，表明購買意願。然而第一次的

可以帶著走的家具，為生活帶來更多便利。

募資卻叫好不叫座，平臺上支持率偏低，達標速度不如預期，於是提前終止募資。

「對我們來說，這是個很大的挫折。研發期間我們三個人持續不斷地花錢，特別是上平臺前很多人說想買，結果卻讓我們的自信心大受打擊。」面對第一次的失敗，三個人心情低落了一段時間，卻也慢慢領悟到，雖然失敗，也要從中學習而非馬上放棄；若是就此離開，以後想再進入另一個「有機會成功」的狀態，將會因為之前曾經放棄的陰影，而更加困難。

將眼光放遠之後，宋倍儀解釋，由於公司的三個創辦人都僅具備設計背景，不了解消費者購買家具的習慣，不曾認真研究消費行為如何產生，不知道消費的決策流程和決定因素，又沒有銷售經驗。這些對市場洞察上的弱點，導致一開始所做的許多商業決策，都無法符合市場期待。

投入學習 以市場調查呈現消費樣態

三個人互相打氣鼓勵，決定勇敢面對問題，繼續做下去。於是他們架設了走走家具網站，以線上販售商品。一路在行銷上瞎子摸象，層出不窮的管理和銷售問題不斷浮出檯面，直到參加臺大創創加速器平臺之後，終於獲得行銷能力上的提昇。

「老師建議我們先了解消費者的心理，倚賴直覺的銷售容易遭遇麻煩。」於是他們到消費者家中進行面對面市場調查，詢問購買的理由、考慮時間的長短、最後決定的因素、期盼產品具備的必要功能、常看的廣告類型與載體，以及確認家具使用狀況。「我們需要了解這些，才能知道什麼樣的銷售才合理，並不斷想盡辦法學習。」

透過訪談調查，讓三人描繪出品牌消費者的不同輪廓；撰寫行銷素材或拍攝宣傳型錄時，選擇模特兒的類型、房屋的佈置陳設，都有更明確的依據。「我們三個創辦人正是自己產品的主要目標客群，所以沒上課前，一直以直覺在銷售；但為了照顧其他客群，我們要更加了解他們的需求與喜好。」

再次嘗試募資平臺 成功達標

首次募資失敗後，走走家具在2018年底，再度於募資平臺推出新產品：雙人床架。改變後的行銷模式，果然讓這次募資順利達標。宋倍儀分析，募資平臺的流量大，可接觸到各年齡層消費者和客群；平臺會員多數對新產品有興趣，願意使用他人沒用過的物品，而第一代推出的產品多半有些瑕疵，相對於一般消費者，募資平臺的會員包容性較高。

隔年，走走家具在募資平臺上再接再厲推出兒童成長桌椅。「這是我自己的想法，單純覺得臺灣的兒童家具品牌小，設計感不佳，而父母是個很大的市場。推出兒童家具可以把客群年齡再往上拉。」由於募資平臺本身就是大型的新品廣告平臺，同時也讓消費者知道走走家具又有新的專案，基於前一次募資成功經驗，走走家具決定未來的新品都以募資方式進行。

依循每年推出新款家具的計畫，走走家具2021年底又推出化妝桌、工作臺、高腳椅等5款新設計，產品線更加豐富。在公司管理上，今年側重整頓團隊。宋倍儀解釋，在小團隊中，每個人負責很多事；依照個人特質重新盤點工作任務，將使大家在工作上更有效率。長遠來看，公司經營越穩定，成員將會越多，那麼達成外銷的目標便指日可待。

此外，走走家具開始朝循環經濟推廣，「我們期待提供消費者一套可以長久使用、長久陪伴我們的家具。」因此，走走家具推出市場唯一服務：以更換單片零件為主的保修和保固。因為家具使用後通常不會完全損壞，花費兩千元購買新的零

宋倍儀給未來創業家的面試題：

創業是為了賺錢還是理想？

面試題檢測點：

若是為了賺錢，對理想化的事不用太在意，果斷剔除任何無法賺錢的阻礙。如果是為了夢想，先思考如何讓夢想變現，想兼得兩者非常困難，可能必須經歷幾次失敗才會達成；單純為了夢想而創業，最初幾年要有辛苦度日的心理準備。

件，可以讓一件兩萬多元的家具起死回生，不但環保，也省下找人清運及重新購買的麻煩。

創業開拓視野 雖苦亦回甘

創業以來，宋倍儀認為每個階段挑戰都不同。起初尋找廠商配合時多次碰壁，現在回過頭來想，並不盡然是廠商的問題。當時三人在意的是外觀與可重複拆裝的功能，但廠商的考量主要在於製程、材料配合結構是否可行？若發生問題，責任歸屬是誰？「當時願意和我們配合的廠商都是天使，不介意我們完全沒經驗，用心帶領我們進入這個產業。」

創業初期的宋倍儀，總是期待世界照著自己想的方向運轉，卻往往無法如願。多年下來，從一知半解到掌握家具市場走向，從創業中學到的經驗，為她帶來許多新觀點，逐漸消融許多個性上的稜角。「走走家具是我的夢想，我願意為它在很多事上妥協。當消費者希望我們改善調整產品，我認為這是為了讓人有更好的使用經驗；在設計上妥協，展現了我多喜歡這個品牌，以及這個夢想對我來說有多重要。」

最初為了多賺點錢而創業，然而在創業數年後，宋倍儀發現走走家具帶來的價值遠勝於金錢。這個事業帶領她認識不同的人群，除了消費者，也接觸到各種領域產業的工作者。「目前來說，創業對我是一件非常有趣的事，總是有很多挑戰。當一個人真心喜歡某個產業，甚至當成志業，即便再多困難與關卡，也會甘之如飴；反之，若只剩痛苦沒有樂趣，就不適合創業了。」

走走家具辦公室使用的桌椅設備，當然是自家出品。

走走家具重點發展歷程

2016年
- **團隊成立**
- **走走家具品牌成立**
- **良路設計有限公司成立**
- **獲勞動部「百萬創客擂臺」最佳市場機會獎**

2017年
- **獲國際紅點設計大獎**
- **獲國際IF設計大獎**

2018年
- **獲亞洲設計大獎**
- **獲經濟部「破殼而出企業」新創企業獎**
- **獲金點設計獎**

Gogolook走著瞧｜郭建甫

窮畢生之力 重建信任的美好價值

Gogolook小檔案

代表人：鄭勝丰（左一）
共同創辦人：郭建甫（左二）、宋政桓（右二）
獲U-start創新創業計畫99年度補助

手機響起，畫面出現一組不在通訊錄中的號碼，你會接聽嗎？特別是現在節費電話的組合非常相似，公、私部門大量使用的情形下，很難讓人透過號碼辨認發話來源；根據過往經驗，這通電話可能是銀行推銷貸款、商家貨品試用、股票社團推銷，甚至是假冒親友的詐騙，手機軟體Whoscall APP就此應運而生。

安裝Whoscall後，非通訊名單中的來電多了一層過濾機制，使用者也可透過軟體自行查驗未接陌生來電，讓通訊安全多了一分保障。而信任，正是Gogolook（走著瞧股份有限公司）的執行長郭建甫視為一生的志業。

投入完全心力的職場 由創業開始

「工作占據人生最黃金的時段。理解工作這個概念後，我就想像自己該為什麼樣的公司工作。」從大學起，熱愛解決問題的郭建甫開始到各公司擔任實習生，期待找到被自己接受的工作意義。

有Whoscall過濾詐騙電話與簡訊，手機來電不用猜。

除了工作內容，他也很在意一起合作的夥伴。「當時我正在讀奇異公司老闆傑克・威爾許（Jack Welch）的書，其中一個章節提到：當你清早起來熱愛地投入公司，其中一個原因是和這群人一起工作很快樂。然而，正在通勤路上的我並不這麼想，甚至背道而馳。」郭建甫認知到，若真想在生命中投入龐大心力去完成一件事，為自己珍惜的價值奮鬥，只有仰賴創業，由零開始搭建、挑選好隊友。

於是，郭建甫和學生時期一起參加許多創新創業競賽的鄭勝丰和宋政桓，組成團隊。因為詐騙電話猖獗，加上APP的興起，讓他們開始設計Whoscall。「當時我們獲得U-start的補助，每個人再拿出自己的薪水支應APP的開支。」最初並不確定這是對的題目，只是持續不斷地探索並自我磨練，因為這些技巧和武器都是必要的。

「天神」欽點讚賞 創辦人合體

金融海嘯中創業的三個人，白天在其他公司上班，晚上寫創業APP，每天在兩個身分中切換。郭建甫坦言，APP上架時，他們沒想過商業模式，只覺得有人使用應該會成功。於是，他們創造一些功能吸引使用者，並在APP內加入廣告推播。草創時期的廣告收入，三個人吃頓好一點的牛排就花光了。

「由理論推導來看，免費制吸引了消費者，流量提升帶來高品質；高品質才能對應廣告或獲利模式。」他們的誤打誤撞逐漸提高流量，讓郭建甫心中的「天神」：Google執行長Eric Schmidt在訪臺演講中，稱讚Whoscall的過濾來電功能好用；這份稱讚經過媒體持續報導，Whoscall流量持續往上提升。因此，三個人決定離開原來的工作，正式合體，抓住這股熱潮全力衝刺。

堅持下去，

未來就像你想的一樣！

此外，他們也吸引天使投資人的挹注，且提供營運建議。獲得資金後，Gogolook的作風更大膽，開始投入不同國家的在地化，翻譯各種語言、上架幾十個國家，卻也加速資金的消耗。

揚名國際 Gogolook打造防詐產業鏈

Gogolook一開始思考創業題目時，就鎖定在「全球」市場和需求，目前Whoscall市場主要以臺、港、日、韓、泰、馬和巴西等7個地區為主。不過APP在全球剛上架時，中東的使用量意外的高，但Gogolook因不了解當地的文化、環境、美感等，評估要成功不容易，於是選擇比較容易了解的周邊國家市場開始經營。「我們會觀察不同市場的文化與電話使用習性，是否存在提升勝率的優勢；再觀察行業和地域趨勢。」

行業趨勢是指這個問題在當地重要性很高，人們甚至願意付費解決；地域趨勢則是這個國家的GDP等，發展程度較高的國家會帶來較優的回報，也就是「投資報酬率」的觀念。郭建甫分析，單純認為受該地區用戶歡迎就進入該地市場，極可能在吸引幾百萬用戶後，變成一個轉不動的機器，導致回收效益很低，結果越做越窮，而不是越做越有資源。

現在Whoscall在全球已經有超過9,000萬的下載量，並累積成東亞最大、擁有16億組號碼的資料庫。將目標放在IPO的Gogolook，近幾年深入「信任」課題，並致力建立全球的防詐產業鏈。自Whoscall開始，從電話到簡訊提供全面通訊防護外，Gogolook搭上開放銀行（open banking）這個創新概念，以普惠金融為目標，創立金融商品的比較平臺「貸鼠先生」，跨入金融科技領域。

透過科技資訊 媒合金融服務

隨著金融科技逐步開放，Gogolook希望打造一個安全的金融服務平臺，並設法利用開放銀行的特色，幫助更多人被信任。「Gogolook所有產品的核心理念都是Build For Trust。Whoscall是為了幫助人們在通訊上建立陌生人之間的信任，『貸鼠先生』就是希望讓每個人被金融體系信任而存在。」

有一次，郭建甫到菲律賓參加研討會，討論如何利用資訊協助人們被信任，當一個人完全沒有交易紀錄，透過手機上的資料和社群網絡的數據，給他一個信用分數，讓人獲得傳統金融體系的信任。會後，他搭上Grab，塞車途中與女駕駛聊天，發現她的主業是養豬戶；透過向親友借貸，這位女駕駛由飼養十頭豬開始，逐漸擴增至一百頭，時至今日開Grab只是消遣，不再是為了貼補家用。

「我從這裡得知一個很有趣的問題：菲律賓有九成民眾無法取得銀行信任，必須向親友借錢才能讓自己獨立自主。其實科技的力量可以改變這一切。」後來Grab已針對司機推出小額貸款，他們很清楚司機的金流，掌握個人的收入證明。諾貝爾和平獎得主尤努斯（Muhammad Yunus），正是第一位提供弱勢小額信貸而成功的案例，Gogolook依此立意而推出的「貸鼠先生」，就是要讓信任發揮更大的價值。

建立信任 搭建社會橋樑

「那位司機很年輕，養活自己不倚靠他人，我覺得她才是創業家。每個人都有可能透過金融服務發揮更大的價值，甚至徹底改變自己的生活。」郭建甫期許Gogolook成為人們和金融業的媒介，協助有需要的人在平臺上得到金融服務。

此外，自從行動通訊跨入5G世代，通訊軟體已成為人們用來交流溝通的主要工具；加上時常有電話詐騙的新聞出現，人們目前對陌生來電多少抱有防備心，因此詐騙的場景從電話轉移到熟人之間的社群詐騙，和通訊軟體上的假訊息。

去年起，Whoscall聯手可疑訊息查證機器人「美玉姨」，將防詐版圖拓展至通訊軟體上。郭建甫認為，「美玉姨」可稱為社交網絡的Whoscall，它可以閱讀訊息並解釋真偽，亦包含詐騙。冒用帳號的身分竊盜儼然成為新一代詐騙手法，熟識的親朋好友反而淪為受害者。對於社群間的詐

郭建甫給未來創業家的面試題：

你為什麼想解決這個問題？

面試題檢測點：

由一個表面上的問題，再延伸五個問題，找出表面問題背後更深層的問題是什麼？直到觸及問題的真正核心，挖掘出來的，將是推動自己創業的使命感；而這份使命感，會讓你願意窮盡一生嘗試各種手段去解決所有困難。

騙，Gogolook積極透過「美玉姨」來解決，守護民眾的防詐任務不因場景而受限。

信任的團隊 打造信任企業

對郭建甫來說，每天都存在著無數的挫折和困難，但他甘之如飴。「我什麼都可以妥協，唯獨在願景和目標前不會，因為要解決的問題太具吸引力了！」郭建甫說，創業的過程必然遇到無數的困難，每個人專長有限，甚至會在弱點上被痛擊，正面迎戰是他過程中最大的享受。最慶幸的是，三個創辦人至今仍彼此信任，即使大聲吵架也不傷情誼，靠著團隊互相分擔，一起熬過所有的挑戰，每個重大的決定都能形成共識。

創業十年以來，郭建甫感嘆軟體業在臺灣的發展仍舊因為資源不足而辛苦，甚至差距更大。與美股相較，不難發現臺股的軟體產業中幾乎都是電商企業，真正的軟體公司少之又少。經濟大環境與西方世界軟體龍頭們想要改變人類，往新常態走的方向卻完全不同，讓他不時產生焦慮感。然而，Gogolook作為臺灣軟體業先驅之一，郭建甫希望打造出不一樣的氣象，靠「防詐」開創新藍海。

Gogolook透過不斷創造新服務與拓展國際市場，一步步朝上市的目標邁進，郭建甫也不認為已然成功，因為信任是個無止盡的課題；能持續在自己堅持的理想中淬鍊，對他而言，過程遠勝於一切。

Gogolook打造的防詐產業鏈已名揚國際。

Gogolook重點發展歷程

2010年	**團隊成立**
2012年	**走著瞧股份有限公司（Gogolook）成立**
2013年	**獲得LINE母集團Naver投資**
	Whoscall首次獲選Google Play最佳APP
2015年	**Whoscall首次獲選Apple Store最佳APP**
2018年	**與刑事局165反詐騙諮詢專線攜手防詐騙**
2019年	**推出Whoscall市話版一象卡來**
2020年	**執行長郭建甫榮獲第四屆總統創新獎殊榮**
	可疑訊息查證機器人「美玉姨」加入
	推出金融商品比較平臺「貸鼠先生」
2021年	**Whoscall全球下載量突破9,000萬次**

小寶優居｜王韋舜

讓「成家」成為美好的生活嚮往

小寶優居小檔案

代表人：王韋舜
獲U-start創新創業計畫102年度補助

儘管房價高漲，許多人還是嚮往擁有一個屬於自己的家。好不容易備足了頭期款買下房子，簽約時的喜悅，可能很快就被可觀的裝修花費澆熄。因為想要「成家」，不只是找到合適的房子，還要有預算裝潢內部，這個家，才能成為自己想要的家。

以室內設計業者角度來看，最大的獲利來源是設計費與裝潢費，從屋主後續安裝的系統櫃體或陳設家具所獲得的利潤並不高，因此給屋主的報價單中，「設計裝潢」占了整體報價的六至七成，家具設備只占少數。因此消費者為了想省預算而更換家具設備選項，對於整體報價來說，節省的幅度並不大。

自身購屋經歷　開啟創業方向

曾經從事室內設計工作的王韋舜，承接過許多老房內部翻新的室內裝修案。當時這樣的裝修案，費用從200萬元臺幣起跳；許多首次購屋者拿到報價單後常常不知所措，因為這筆金額往往超出他們的能力範圍。後來他回到臺中老家，與父母、姊姊、姊夫和妻子同住一屋；在準備迎接寶寶出生時，他決定買房子。到了這一刻，王韋舜才深刻感受到「室內裝修」對於沒有接觸過的消費者來說，是個「成家痛點」。

我們可能真的做對一些事，改變了市場。

「要不是我從事室內設計產業，我該怎麼在買房子後，找到一位值得信任的室內設計師，完成我想要的室內居家樣貌？在這個時候我才發現，傳統室內設計師確實可以完成消費者的需求，但報價金額卻很難符合消費者期待。」於是，王韋舜以「重家具、輕裝修」的設計模式裝修自己的家；這個概念同時成為了小寶優居的品牌宗旨，讓準備入住新居卻沒有室內設計經驗的消費者，能將預算花在刀口上，安心成家。

一間房子能入住，基本的生活家具不可少。王韋舜觀察到，消費者期待自己使用的家具物品具有一定的水準和品質；在生活的收納需求確實被規劃之後，在材料或家具的搭配或選擇上不見得要豪華，但一定要美觀。如果降低裝修工程的比重，提高添購必要家具的金額，反而能讓消費者在相同的預算下，住得更舒適。

傳統流程不變 設計方式改變

「我們提供的，是一個與傳統室內裝修工程一樣的完善設計流程，只是在設計的方式上做些改變。這是小寶優居的商業模式與定位。」王韋舜理解，「重家具、輕裝修」的經營模式對公司來說，可能沒有利潤可言，於是成立商品設計部門，設計自有品牌家具並且生產，除了為消費者提供設計優質的家具和櫃體，也串聯產業上、中、下游，藉以創造利潤。

許多家具設計師，以雕琢藝術品的態度設計家具，但小寶優居的設計團隊，首重人體工學，讓家具成為生活上的輔助用品。「使用者感受」是小寶優居最重視的經營環節。王韋舜為了讓每個案子的消費者，都能感受到客製化的專屬感，於是在小寶優居全臺四個門市內，設立「小寶成家

重家具、輕裝修，讓想成家但口袋不深的消費者，也能輕鬆擁有舒適的家。

故事館」。消費者可以故事館中體驗不同空間的設計風格，進而找出自己喜歡的設計。

除了傾聽每位居住者的需求外，小寶優居的設計師還會調查消費者的生活習慣、對於收納的想法與期待；在消費者挑選家具後，利用3D或VR設計圖讓消費者體驗完工樣貌，確認各項細節，再展開施工作業。「設計顧客想要的空間時，我們首先重視的，是空間的專屬性。這包含空間中使用的每件物品，無論是家具或櫃體，都是為他所客製。」

夥伴不在人多 而在理念相同

因為理解消費者的真實需求，在成立3年後的2019年，小寶優居創造破億的營業額。這樣優異的成績，讓原本不看好他們的同業跌破眼鏡。不過小寶優居也曾面臨倒閉的難關。
2016年公司集資成立，並在臺南設立第一個門市，除了沒有知名度以外，王韋舜自認當時領導團隊的能力不成熟，許多組織內部問題以及早期股東的糾紛因而產生。成立後9個月燒光了所有資金，連過年薪資都發不出來，「當時很感謝一位前輩幫助我，二話不說借我錢，讓我支付薪水並切割股東關係。」

事後王韋舜重新盤點人力、資金等資源，深深感受到「夥伴」的可貴，在於彼此理念相同，而不是人數多就好。因此他便依此為原則，做為日後選擇人才時的準則，希望能找到理念一致、態度一致的同行夥伴。經過體質調整，公司上下齊心，果然令業績快速成長。

找對市場 甚至能翻轉整體結構

在小寶優居成立之前，王韋舜便曾經運用從事劇場設計的工作經驗，與所建立的設計師人脈資源，成立小寶文創，希望利用網路平台行銷設計師的作品，串起消費者與設計師之間的聯結。但看到經營多年的原創設計平台Pinkoi崛起，王韋舜笑稱：「有更厲害的平台出現，自己就無須再繼續。」於是他轉而投入室內設計，和朋友一起催生了小寶優居。

腳步站穩後，王韋舜發現室內設計市場因為小寶優居的出現而漸漸改變。知名創業家馬雲曾說，創業最怕就是「看不見、看不起、看不懂、跟不上」：看不見對手在哪裏、看不起對手、看不懂對手為什麼可以變得那麼強，然後就跟不上了。王韋舜以這「四不」對照小寶優居的發展；在創立之初，市場的確看不見小寶優居，到成立一年多被同業說不會賺錢，再到現在被業界關注同時，業界看不懂他們為什麼賺錢。

「我想我們可能真的做對一些事，改變了市場。現在看到網路上有些設計公司主打相同的訴求，業界龍頭掛出類似的名稱，我覺得挺好的。」王韋舜自認並非創新領頭羊，「重家具、輕裝修」這個市場一直存在，只是過去沒人做，或是不想做。當有人開始經營，消費者知道自己原來還有這項選擇，就會迫使整體市場一起改變。但對於已經習慣傳統模式、特別是產業龍頭企業，要在陳規與積習中做出改變並不容易，尤其是這樣的改變會影響利潤結構時，考量就會更多。

定期檢視 讓團隊運作更具效率

遠通電收執行董事兼總經理張永昌是小寶優居的企業導師。他建議王韋舜，當策略不對，就要先讓組織的分工正確；一旦組織的分工正確，對的人就會放在對的位置上；當對的人放在對的位置上，管理系統自然就能自動化。如此一來，組織才健康；經營者將權力下放，才能透過有效的組織打團體戰。

「他讓我思考『合作分工』和『分工合作』的差異。當我們按照他的建議檢視組織、調整結構，工作過程中就有許多夥伴一起主動解決問題。」組織運作順暢後，錯誤的策略也將隨之調整；小寶優居的營業額於是從零躍升到一億。

王韋舜給未來創業家的面試題：

你為什麼想創業？

面試題檢測點：

創業不同於做生意。在夜市開一家雞排店很容易，找到供給和需求，整合後利潤出現就能做生意，商業邏輯和模式可仰賴學習。創業則是開創一個事業體，改變市場的現況，如同開一間可以改變市場的雞排店，完全是不同的議題。

不過到了去年第三季，小寶優居再次遇到了瓶頸。為了突破現狀，小寶優居與建設公司展開合作，協助建商設計預售屋的室內空間，並將此預售屋的設計，實際落實到未來成交的實品屋上。如此一來，小寶優居不但能固守原先以「首顧族」為主的目標客群，還能藉著與建商的跨界合作，拓展多元市場。

「現在的我和團隊都很辛苦，我們像是一起攀登喜馬拉雅山，目標很高也很遠，過程中有人放棄，有人撐過去，有人會拉拔別人，大家都想走到終點寫下到此一遊。」王韋舜認為，現在一起向目標前進的團隊，是小寶優居最優秀的團隊；相信經過組織再檢視、體質再進化後，一定能邁向下一個里程碑。

家，總有著人與人的連結；人，正是小寶優居關注的焦點。對於「家」，王韋舜引用小寶優居行銷總監楊晴娸所說的話：「家是融合了你的過去、現在，以及將前往的未來，因為有這些人，形塑一個家；而『成家』，是讓人實現夢想中的模樣。」王韋舜期待，當消費者想到小寶優居時，想到的不只是一個室內設計、做裝潢、賣產品的公司，更是專門協助人們成家的設計公司。

小寶優居門市內的材料室，讓消費者實際感受不同材料帶來的不同質感。

小寶優居重點發展歷程

2016年	團隊成立
	小寶股份有限公司成立
	通過SIIR計畫-發展虛實整合服務發展
	小寶優居臺南門市開幕
2017年	小寶優居臺中門市開幕
	獲經濟部CITD設計商品技術開發獎
2018年	獲經濟部亮點企業獎
2019年	小寶優居新北門市開幕
	獲經濟部SIIR創新服務獎
2020年	獲AAMA Taipei搖籃計畫第九期優秀企業
	獲SIIR創新服務之星
2021年	小寶優居桃園門市開幕

德川音箱｜陳啟川

以音響開啟創業路 展望新機會

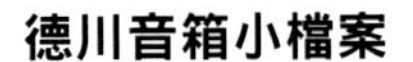

德川音箱小檔案

代表人：陳啟川
獲U-start創新創業計畫99年度補助

當你發現自己做了一個錯誤的選擇，你會怎麼辦？有些人選擇放棄再重起爐灶，而陳啟川選擇等候機會，希望在小眾的音箱市場中，找到永續經營的方向。

高中就是個古典樂迷，進而對音箱有著濃厚興趣；加上又喜歡木工，陳啟川於是成為少數能結合音響知識與木工專業的人。雖然畢業於臺灣大學獸醫系，但卻會對動物過敏，也因為這樣，陳啟川沒打算當獸醫師。不過他卻在大學畢業時，看見臺灣音箱代工市場的可能性。那時正是音響產業百家爭鳴、高附加價值的輝煌時期，許多小型音響商家自行開發產品銷售；陳啟川認為，相較於歐美日，音箱在臺灣的代工費較低，若是從臺灣加工後外銷，應該可以創造不少利潤。

因此服完替代役後，陳啟川得到兄長的資金支持，便以兄長和自己的名字，創立德川音箱，以音響產業的設計和製造為主，成為音箱產品的供應商。但公司成立沒多久，市場就產生巨大轉變：廉價的大陸商品大量輸入，讓原本市場規模就有限的臺灣市場出現惡性競爭，再加上外銷國際市場的運費遠高於加工費，成本一來一往逐步墊高，臺灣音箱商品因此很難切入國際消費市場。

專業知識入手，音箱產業也能培養出潛在客群。

量產有困難 轉向經營客製化

面對音箱選購，大部分消費者首先在意的是價格，因為消費者不見得擁有對於音響品質高低的評斷專業，也就難以理解品質越高、價格越貴的關聯性。陳啟川曾想開發自己的音響品牌，卻發現臺灣的文化脈絡中，沒有深而廣的聆聽習慣，對於聲音的品質、音響的好壞，沒有知識上的養成。因此消費者購買時，便以廠牌知名度做為選擇標準，自然壓縮了不具知名度的小品牌生存空間，即使要量產也有困難。

在創業之初，陳啟川並不熟知產業全貌，只憑著對音箱的真愛，一腳踏入這個看起來不理想的產業。幸好在一位前輩引薦下，德川音箱陸續在寒舍艾麗、國賓飯店、君悅飯店、甚至是南京涵碧樓飯店裝修時，提供音響設備服務。這些飯店並不執著於音響是否來自知名品牌或是知名產地，相對的，他們對於外觀上呈現的質感，與場域中播放出的音質效果要求極高；優質的聲音創造出悠閒優雅的情境氛圍，對飯店才是加分。這些經驗讓陳啟川開始思考：或許「客製化」的B2B市場更適合德川音箱。

然而，飯店不是天天蓋；為了生存，一般消費市場仍須兼顧。為了讓越多人認識德川音箱，為了能觸及到更多喜歡音響的消費者，陳啟川在2015年做了大膽的嘗試：拍攝10集《音響知識家》短片放上YouTube，希望能從教育消費市場做起，進而嘉惠到自己的公司。沒想到短時間內，便累積了百萬人次觀賞。

擴散專業知識 接觸潛在客戶群

看見這個知識缺口後，陳啟川接著又出版了《音響入門誌》，這是一套以揚聲器、擴大機、

我想對剛創業的自己說：做個獸醫師就好。

DAC、無線設備等四個主題所規畫的一系列音響入門雜誌。他仿效日本雜誌的做法，每本內容完整的主題書搭配一個音響玩具成為套裝組合，讀者可以一邊看書、一邊玩音響。每本上千元的組合書，首刷發行兩千套幾乎銷售一空，還陸續加印一萬多套。《音響入門誌》當時在誠品的退貨率只有3%。這也讓臺灣和香港市場的音響愛好者認識德川音箱。

影片與套書的成功，讓陳啟川發現附帶音響知識的商品設備，可以引起人們求知與消費慾望；於是他再接再厲，出版雜誌。只不過，他沒想到出版業的付款期超長，但製造業生產營運需要龐大資金，回收的書款之於製造音箱所需的現金流來說，實在有些緩不濟急。

但分享專業知識，卻讓德川音箱得到一些之前從沒想到過的客戶，例如上銀科技。「當時他們想成立醫療部門，希望音樂能創造舒壓放鬆的效果，於是找我們洽談音響設備」；另外還有國外遊戲機業者前來與陳啟川接洽，因為他們覺得機台聲音不夠好，無法和其他機台競爭，因此找德川音箱協助研發，「這些都是很好的回饋。」

配合政策推廣 選用國產木材

不同的木材，會產生不同的音色。陳啟川曾以本土的相思木製作音箱，因而受到林務局注意。「近幾年林務局開始推廣國產木材，但數量少、開採成本高，價格是進口的3倍，因此，林務局希望推廣精緻化的產品。」而德川音箱一組產品價格數萬元，但實際製作上卻無需耗費太多木材，這樣的產品很符合林務局的設定。

與林務局洽談之後，陳啟川決定依循政策走。為了配合政策，推廣國產木材，他花了兩年修改原本已經要上市的第二版《2020音響入門誌》，將音箱用材，全面改為使用國產木。他解釋，使用原木在乾燥、切割等加工過程中有其困難度，如果在木材的原物料取得與加工過程中握有先機，他就擁有一個遠勝其他廠商的先發優勢。3年來，他幾乎跑遍由北到南的林務單位，順利取得許多資源。

「林業是百年大業，藉由這個機會讓我了解臺灣在地林業，我的產品可以更在地化。」陳啟川直言，功能越高的產品，價格就越高，消費者不一定會為了功能強弱而買單；但富含情感因素的產品絕對佔有優勢，「木材已經是一個很有情感的材料了，更遑論是在地木材。」

產品訴諸在地情感 引發共鳴

因此繼《2020音響入門誌》出版後，德川音箱正計畫生產以阿里山木材製作的森林藍牙喇叭。這款藍芽喇叭可以支援無線充電，它的特別之處，除了原料取自於阿里山原木之外，還可以每周循環播放阿里山森林中的自然聲音。

「聲音對人體的生理週期有著深遠，卻被長期忽略的影響。」無論是早晨的鳥唱、下午的蟬聲、夜裡的蟲鳴或蛙語，大自然晝夜變化的聲息仍是心靈的安慰。於是他特地去阿里山錄製不同的森林原聲，製成長達7天循環播放的自然之音。

此外，他還特別拍攝一支介紹阿里山百年林業的影片。百年前阿里山砍伐的是原始林；百年後的今天，臺灣以栽植人造林的方式維持山林永續，因此目前砍伐的是人造林。以在地原料製作、訴諸在地情感的行銷手法，是陳啟川期待引起市場共鳴的切入點。單憑一個藍牙喇叭，或許無法壯大德川音箱的知名度與市占率，甚至走向國際，但若能持續在國產木材上深耕，陳啟川相信會獲得更多矚目。

德川音箱近幾年的訂單結構改變很多，九成是透過網路完成，其他10%的消費者，則會來到臺北「好事音響」門市親自體驗。「設立門市的好處是可以直接面對消費者，解決電話中無法解釋的部分。特別是聲音受到空間的影響很大，現場體驗後會更有說服力。」門市裡有兩個不同的聆聽空間，以家的氛圍呈現；身處體驗空間中，消費

陳啟川給未來創業家的面試題：

你要如何獲利？

面試題檢測點：

年輕願意打拚的心態並不是創業致勝的關鍵，創業者除了天賦，還需要很多人脈與資源，特別是資金。此外，只看見機會沒看到風險，是創業者面臨的最大困難。創業前先想想獲利模式，可以少走許多冤枉路。

者就像在家享受音樂一樣，繼而挑選適合自己的產品。

選擇雖不盡理想 仍盼雲開見青天

回顧自己的創業過程，陳啟川苦笑表示，自己的產業是一個「悲情產業」；稅後盈餘低，很難有足夠資金拓展規模。他也直白地認為自己一開始就做錯決定，「而且在不了解這個產業，以及產業的發展曲線下，選擇了一個好像很好玩的方向，卻無法帶來夠多的商業價值。」

這段歲月，他做了很多嘗試並等待機會，但機會會以什麼模樣出現在他面前？他不知道。陳啟川心裡明白，這並不是他的創業之路最終回，唯有持續做下去，才能接觸更多人，創造新的機會。因為接觸國產木材而有了到臺大實驗林區探查的機會；在得知實驗林區的度假木屋將委外經營時，陳啟川看到新的商機。

曾經為許多飯店和汽車旅館提供音響服務，在事前討論與現場裝修的過程中，陳啟川獲得不少飯店的經營管理祕訣。「我知道音響產業不是一個好選擇後，一直在找新戰場。『創業』讓我深刻體會，選擇比努力重要。」而現在，委外經營的國有飯店在陳啟川眼中，是一個可以選擇的方向。或許等待機會的過程十分艱辛，但陳啟川心裡堅信：雲破天開的時刻，總會到來。

德川音箱重點發展歷程

- **2010年** 團隊組成
- 德川音箱股份有限公司成立

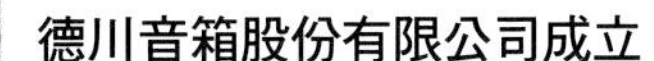

- **2012年** 使用CNC電腦切割，進入數位化製作音箱的時代，榮獲經濟部SBIR補助
- **2014年** 創立YouTube頻道「音響知識家」，後改名為「音響知識網」
- 以臺灣本土木材「相思」製作音響，榮獲多項獎項
- **2015年** 推出第一版《音響入門誌》，為華文第一本系統性音響知識書籍
- **2016年** 為佛光山設計、製造念佛機
- **2017年** 國外遊戲機臺使用德川設計的數位擴大機
- **2020年** 推出第二版《音響入門誌》
- **2021年** 跨足飯店業

用臺灣相思原木製作的音箱，更富有在地情感。

真程旅行社｜林文攀

深化人與人的連結 讓旅遊不一樣

真程旅行社小檔案

代表人：林文攀
獲U-start創新創業計畫99年度補助

出差到一個陌生的國度，閒暇時，你會做些什麼？若有在地人陪伴四處走走，體驗當地生活、品嘗特色食物，即使是再平凡不過的事，異國文化的真實生活，也會為行程留下美好記憶。

「有些人說我們在做深度旅遊、深化國民外交，其實我們只是單純呈現臺灣人的生活面貌而已。」林文攀提到，自己會投入外國人來臺灣在地旅行市場，起因於就讀成功大學時期的經驗。當時臺灣有一個邁向百大的教學計畫，許多大學各自邀請國外學者到訪為校內青年學子授課；但是到了假日，國外教授們的行程無人安排，而在地旅行社認為接待一、兩位旅客利潤低，加上需要以英語溝通，因此沒有承接意願。在成功大學讀書的林文攀因為是外地生，假日時間可以協助教授的生活，更成為他們專屬的假日接待員。

帶著外師體驗臺灣 開啟創業路

「這些教授都是教科書上的大神，甚至得過各領域的頂尖獎項，就像臺灣的李遠哲到美國一樣。我想，和這些教授聊天

“**夢想很豐腴，但現實很骨感，**

要實際一點！”

一定能學到許多東西。」結果他發現，這些教授雖然在學術相當專業，但對臺灣生活面的了解就像個嬰兒；他們會問很多，從宗教信仰到教育制度，甚至是個人價值觀。他們藉著討論相互了解，而非尋求一個標準解答。

「有位教授對我騎機車很好奇，希望能載他嘗試一下，結果起步時，他沒預期後座的人會因為離心力而往後仰，所以一開始沒有抓著後把手的教授，因為反射動作，反而給我一個大大的熊抱。」那時林文攀發現：帶領外國人認識臺灣生活是件有趣的事。笑稱自己是「人來瘋」的林文攀喜歡接觸人，除了接待國外教授，他也喜歡參加國外的志工旅行和露營；這些旅遊方式在國外很盛行，容易上網找到資源，但在臺灣卻沒有類似的行程，可以讓外國人來臺體驗。對此覺得可惜的他，因此開啟了創業路。

十多年前，臺北的旅遊很興盛，因為許多廉價航空把臺灣當作前往東北亞的轉運站，往來日韓和東南亞等地都在臺灣轉機，帶來大量的背包客。這些背包客多半是喜歡這樣的旅遊方式，不代表他們一定經濟拮据。於是，沒有創業經驗的林文攀，在創業初期，以自己身為背包客的旅行習慣反推，硬著頭皮一家家拜訪青年旅館，放置DM，宣傳自己籌畫的導覽行程。此外，也到教授中文的大學語言中心，告訴學生每個周末都有英語導覽，免費提供學生參加。

以免費行程培養消費者 逐漸獲利

「初期辦公室就只有兩個人可以當導遊，每週末輪流導覽，持續進行一年沒有休假。那段時間認識非常多的外國學生，至今仍是好友。」林文攀以為，小費是國外習以為常的文化，所以活動不收費也能賺錢。實際舉辦之後才發現，臺灣的外籍生近八成

真程旅行社以小團體、客製化方式規劃的特色旅遊，讓遊客遊玩在學習中。

來自東南亞，所吸引的外籍學生是因為有語言障礙、自己很難在假日出遊而參加，有能力付小費的少之又少。一趟5至20人的行程下來，收入往往只有幾個銅板，最好的時候也就一兩張紙鈔。

秉持著交朋友的心態，林文攀一開始不以為意，但就商業經營的公司而言，這樣完全無法支應薪資。於是他開始嘗試勾勒出「付費消費者」的輪廓樣貌。

此時，有些即將畢業的外籍學生家長來到臺灣，準備認識孩子讀書的國家，需要旅行社協助安排行程，真程旅行社於是成為首選，一年來的付出漸漸有了回饋。林文攀也會詢問他們，出國旅遊如何搜尋資料？查找哪些媒體平台？有了這些資訊後，真程旅行社開始在特定媒體或網路平臺曝光；接待了這些具有明確旅遊目的小團體後，公司營運有了起步。

林文攀認為，經營這類私人化訂製的小團體旅行，口碑是關鍵；採取這種方式旅行的消費者，很清楚自己要的是什麼，但他們多半自己沒時間做功課，所以需要旅行社協助；背包客反而不屬於這個客群。他說，這個客群多是帶小孩出遊的母親，其他媽媽的體驗成了品牌有力的推薦，除了彼此孩子年紀可能相仿，某種程度也反映家長的經濟能力。

小團體為主力 開國際合作之門

「我們的目標客群是亞洲講英文的華人家庭，小孩3至7歲；青春期的孩子不會跟著家長出門；接下來會和父母出遊的，就是高中以上了。」林文攀解釋，年紀小的孩子出遊還是由父母照顧，行程聯絡幾乎是母親主責，特別是亞洲講英文的華人，有著年度家族旅遊的習慣，這情況在歐美人士反而較少。

2014年起，真程旅行社開始與國際同業進行商業合作，每個行程搭配一個主題，例如茶葉或食物。「臺灣在國際旅遊市場能見度低，經常被混淆為泰國。而這些來自紐澳的旅行團成員有一個共通點：他們的農場或工廠曾有打工度假的臺灣青年。」這些退休人士組成的團體，行程以放鬆為主，像是參訪稻米或茶葉產地，學習如何烹調臺台灣料理或製茶；即使退休，他們仍期待透過旅行學習一些新事物。

「其實我們做的是淺旅行，到龍山寺旁的青草巷走一走、喝茶，上市場買菜。我們的行程是感受臺灣人的生活，做臺灣人會做的事，對外國人來說，這就是一種深度。不是給他們歷史文化背景故事，而是增加他們與在地人的聯結。」

旅行的深度 在於體驗生活

多年來，真程旅行社的主力還是客製化小型家族旅遊，林文攀可以說出很多消費者的特別故事，例如曾經駐臺的美軍夫婦回臺尋人，堅持騎單車上武嶺、與家人分開行程的運動員，視障老太太以聽覺和味覺體驗夜市；更有一位以色列人臨行前發現罹癌，我們就全額退訂並鼓勵客人痊癒後再來，而當這位旅客兩年後來臺灣玩時，整間公司都洋溢著期待與歡樂的氣氛。不同的團體，透過真程旅行社的規劃，分別在臺灣寫下獨特的人生故事。

旅行業有淡、旺季之分，真程旅行社會在淡季設計特別的行程，因而被CNN報導兩次。其一是志工旅遊，讓外國遊客協助單親的攤販賣地瓜，體驗在街頭叫賣。「這位地瓜媽媽是經濟弱勢，期待孩子能學好英文；我們將外國人帶來，讓他們彼此聊天知道其他國家發生的事。」這個活動原本只有零星遊客參加，後來新加坡的學生校外教學中，安排了回饋社會的責任旅遊，於是每年有近500名學生來臺體驗賣地瓜，讓這趟出國旅程很不一樣。

另一個行程是「跟著計程車司機走」，由一名外籍遊客包下一輛計程車行駛市區，遇上招呼計

林文攀給未來創業家的面試題：

你的目標客群是誰？有沒有成交經驗？

面試題檢測點：

創業一開始的成交不必然會賺錢，但能成功吸引客戶、開啟未來制定價格的機會。這些成交經驗，可以協助你推測出你的目標客群，推測可能需要的人力、物力等成本，以及可能創造出的獲利空間。

程車的臺灣人，若他願意和外國人共乘聊天，就能省下車資。這種隨機的結果很可能遇不到人搭車，最後由司機帶遊客品嘗司機們的私房小吃。也曾碰到在臺北長庚醫院搭車的乘客往林口長庚醫院，原本因路途遠可省車資相當開心，沒想到與外籍遊客聊到意猶未盡，反而招待他回家吃飯，再付車資送他回臺北。

Covid-19 帶來事業最大挑戰

真程旅行社是國際旅遊評論網Trip Advisor，唯一連續十年來評價都是優質的服務提供者，成為台灣唯一一家進入優質服務名人堂的旅行社。此外，在公司營運上，林文攀運用像SaaS（「軟體即服務」系統）等雲端系統優化管理體質，大幅降低人力成本以增加營業額，並與國外業者洽談亞洲的無障礙旅遊。就在林文攀覺得公司差不多站穩腳步，發生了Covid-19，「這是我創業以來面臨的最大挑戰。」

於是真程旅行社開始帶臺灣人認識臺灣。他們帶領遊客認識紅包場，許多年輕時好奇卻不敢進去的四、五年級婆婆媽媽們，終於有機會一窺究竟。參訪清真寺與清真食品行，則由臺籍穆斯林青年解說文化差異，讓人有機會更親近這些在地的少數族群。或是到坪林山郊，與抗癌10年的病友一同編織捕夢網，體會病後人生的選擇權仍在自己手裡。這些行程中，林文攀個人偏好的是「認識法律活動」，特別是《國民法官法》即將上路，透過律師引導，可以拉近法律與民眾生活。

「設計這些行程比帶客人還累，幸好可以賺到員工薪水，還有一份知道自己在做有意義的事的成就感。」雖然不確定疫情何時到盡頭，但林文攀沒有放棄。這是一條他喜歡的路，他會在這條路上繼續走下去。

真程旅行社重點發展歷程

- **2011年** 團隊成立
- **2012年** CNN報導-（公益旅行）陪單親媽媽賣地瓜
- 第二屆創業點子星光大道（已創業組）第二名
- **2013年** 真程旅行社有限公司成立
- **2014年** CNN報導-出租車司機工作體驗
- **2016年** Tripadvisor 優等服務名人堂連續五年以上臺灣私人導覽最優服務提供者

元盛生醫電子｜陳威宇

以科技視野
開拓美妝產業新格局

元盛生醫電子小檔案

代表人：陳威宇
獲U-start創新創業計畫100年度補助

一個理工宅男，把AI、IoT等科技帶入美妝產業。陳威宇這個未來科技迷，開發肌膚動態檢測儀，搭配可調配式保養品，不但讓保養品有了個人化、動態化的新面貌，更讓世界看見臺灣的美妝科技新實力。

談起創業過程，陳威宇用「意想不到」這四個字形容。從交大研究所畢業後進入高科技產業擔任IC設計工程師，雖是許多人羨慕的高薪工作，但陳威宇看到了產業利潤下滑的趨勢，加上工作重複性質高，於是決定辭職創業。

創業方向 來自一瓶香水和一篇報告

可是要主攻哪個產業？陳威宇一開始沒有想法，只想找一個產品價格會隨著時間慢慢提高的產業，於是他重回校園攻讀博士找趨勢、找方向。他發現了醫療產業頗為符合心中的產業設定，於是成立了元盛生醫電子，打算主攻醫療器材市場，並且到許多大學育成中心學習專利布局、法令規範等創業必備的專業知識。

然而，「醫療器材真不是一間小公司可以玩的！」陳威宇笑著回想當時的「單純」，雖然他擁有技術開發能力，但是

iCi肌膚檢測儀搭配專屬APP，可即使檢測及記錄肌膚即時狀態，方便使用者調配出最適合當下的保養品。

醫療相關法規限制嚴謹，自己在醫界又沒有人脈；可是公司已經成立了，所以經營方向勢必得做出調整。剛好他在一篇關於美國太空總署（NASA）檢測報告中，發現太空人在太空環境下，皮膚變動狀況將非常大，加上注意到香奈兒No.5香水在不改變產品的條件下，價格每年都會調高，於是陳威宇開始研究美妝產業，摸索著科技保養的商機。

美妝產業過去三、四十年間，或是透過明星代言，或是透過網路操作，就能得到很好的銷售成果；但這些廠商有沒有回過頭檢視產品品質與使用成效，卻是不得而知。「消費者應該都想知道自己的皮膚狀況有沒有變好，這應該是未來的需求。」趕上大數據、AI、穿戴式裝置正備受市場討論的時候，陳威宇決定開發以肌膚數據分析的AI保養品，並取名為「iCi en orbite」（法文：航向軌道）。

找對商業模式 找出合作聯結

這套手掌大小的檢測儀具備13項專利，精確度可以媲美實驗室百萬肌膚檢測設備，可以連結手機紀錄數據，協助消費者知道肌膚當前狀態。有了肌膚檢測數據之後，what's the next？

這個「what's the next」促使陳威宇重新定位商業模式。許多人在儀器入手後，一開始還會頻繁使用；當新鮮感沒了，儀器就被束之高閣，「因為有沒人告訴消費者，接下來他們應該要做什麼。」於是陳威宇著手研發保養品，提供消費者保養解方。

元盛研發出的保養品很特別：在檢測出肌膚數值後，以旋轉刻度方式即時調製當下適合肌膚的配方，不但讓保養品客製化，更將保養品即時化，

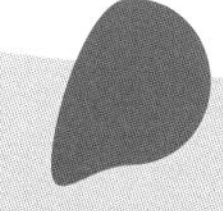

沒有人在一開始就能確定創業成功或失敗，
就是把路走到底，再看上帝怎麼安排。

使肌膚能依據當下狀況得到最妥善的照顧。

陳威宇以這套商品理念，尋求募資管道，找出市場商機。在臺灣，為了找到負責法人金融業務的銀行人員，他投其所好參加紅酒品酒會，藉著下班後放鬆的場合找到適合人脈，開發營運資金，再慢慢累積出轉介紹及跨界合作的可能。

當公司有一些資金後，他陸續參加國際美妝論壇或是國際展覽。為了能讓國際重量級人士認識自己，他曾跟著對方一起如廁並趁機攀談，利用這短短三分鐘介紹自己與公司，爭取正式拜訪說明的機會。問他怎麼想出這些找人脈的方法？他很直接地說：「就是想活下去，所以沒有面子問題，什麼方法都敢試。」

美容界奧斯卡最佳品牌 Made in Taiwan

資金與技術陸續到位後，終於在2019年，元盛以「 iCi en orbite 太空修護膠囊」組合商品參加由法國 LVMH 集團主辦、有美容界奧斯卡的 Cosmetic 360 美妝展，勇奪最佳品牌獎；「iCi」品牌在法國市場的知名度因此打開，並塑造出AI保養品的國際時尚感。然而2020年的Covid-19疫情，讓巴黎數度封城，原本在巴黎進行的廣告行銷全部打水漂，談好的合作全都停擺。

回到臺灣發展是陳威宇必然的決定，卻必須面對「外國的月亮比較圓」的消費心態；「有些大的通路認為，這些設計、概念等都非常棒，卻因為『Made in Taiwan』，所以他們沒有辦法進貨。」因為消費者對於美妝品牌選擇上，還是比較信賴國外品牌，並不認為臺灣本土公司可以生產出世界級的美妝產品，因此在布建通路時，碰到了一些瓶頸。

「一個新品牌剛推出，策略不是那麼好調整，臺灣又不見得能夠接受高單價的『臺灣品牌保養品』。」但也因為疫情，當SPA店、專櫃等實體通路無法正常營運的情況下，各國美妝產業開始被迫想一些遠距離或居家保養的方法。所以元盛除了與臺灣的醫美診所、頂級SPA合作之外，在今年（2021年）上半年開始，更進一步為加拿大、法國、泰國等地合作的廠商提供大量居家保養解決方案。這些合作有些是網路上的銷售配合，有些是代理性質，都為元盛保留了「Made in Taiwan」的精神。「我就是希望世界知道，臺灣可以做科技保養品！」陳威宇這麼說。

放下回去當雇員心態 努力走好創業路

資本額從創業時的100萬臺幣到現在的9,000萬，這十年的創業歲月，陳威宇經歷許多事業上的困難。很多時候他覺得認真付出卻沒有相對應的收穫，有幾度真的覺得精疲力竭、全身是血，心想乾脆放棄算了，反正已經對自己有交待了，「但是上帝推著我們繼續下去。」

這股推力像是一股助力。但陳威宇從沒想過要請上帝幫他什麼，只想先靠自己把事情做到最好，因此身為基督徒的他特別感激。本來剛創業時還有著「大不了再回去當工程師」的心態，到了現在，陳威宇知道自己「回不去了」，因為「沒有人在一開始就能確定創業成功或失敗，就是把路走到底，再看上帝怎麼安排。」

接下來，陳威宇想把檢測儀，變成一個真實與虛擬世界的連接結點，進而開發出屬於iCi使用者、全球第一個美妝「元宇宙（metaverse）」，也就是虛擬商業生態系。這個虛擬商業生態系將於今年年底完成基礎建構；其目的在於取得消費者的檢測數據。

用檢測數據 建構iCi元宇宙

「我需要有檢測數據，才能讓技術或是產品各方面一直往前走。」陳威宇深知消費者一定會有使用惰性，必須提供更多的刺激和誘因，建立消費者的行為模式，讓「使用檢測儀」變成一種儀式。為了建立儀式感，陳威宇便將檢測儀視為一臺挖礦機，這臺挖礦機挖出的虛擬加密貨幣，就是在「元宇宙」世界消費的共同貨幣。使用次數越多，挖出的貨幣就越多。

陳威宇給未來創業家的面試題：

你願意為了創業，放下多少自我？

面試題檢測點：

創業路上，創業者必須把公司放在自己前面，為了公司生存而嘗試自己不敢做（如：去廁所攀談），或與自己原則相反的事（如：是否堅持先有產品才有推銷，還是可以接受先收訂單再生產？）；有時必須融入自己不喜歡的環境與場合。這時，你願意調整自己嗎？

此外，每一張臉，代表著不同的人生故事，這些故事隨著歲月累積，慢慢地轉換成肌膚檢測儀中的每一項數據。陳威宇為了讓每位使用者更有參與感，於是將每位使用者的肌膚檢測值，轉換一個在「iCi元宇宙」中專屬於使用者的代表角色。如同RPG遊戲（Role-Playing Game角色扮演遊戲）一般，這個角色與現實世界的使用者有著相同的故事、相同的靈魂，可以代表使用者在「iCi元宇宙」中購買數位藝術品（科技業中稱之為「非同質化代幣」：non-fungible token，簡稱NFT）。而使用者也可以將該角色直接看作數位藝術品，與其他使用者進行像RPG遊戲一樣的角色交易。

使用者本人的肌膚數據好壞，關乎角色是否亮麗健康，更延伸出它的交易價值。「我希望iCi最後會成為人們放下面具、進行真正人機互動的元宇宙。」他這麼期盼。

陳威宇認為，元盛既然是全世界前段的科技美妝公司，發展的著眼點就不止限於AI、大數據等，而是一切與未來科技有關係的應用，都應該納入iCi元宇宙的範圍。讓用戶覺得好玩、覺得新鮮，是他覺得最重要的一件事；他也將持續運用美妝科技，把未來帶到現在。

「iCi en orbite 太空修護膠囊」組合商品獲得有美容界奧斯卡之稱的「Cosmetic 360」最佳品牌獎。

元盛生醫電子重點發展歷程

2011年	元盛生醫電子股份有限公司成立
2014年	開發第一代檢測器defiderm，於全世界最大的電視購物頻道：美國QVC頻道銷售
2015年	與雅詩蘭黛（Estee Launder）合作
2016年	獲臺灣紫牛之星（Taiwan Techmakers Star）殊榮
	與全球最大皮膚研究中心Beiersdorf (NIVEA)合作
2017年	獲首屆 IAPS Award，成為選出的7家風雲新創企業之一
	Global Sources Electronics — Analyst's Choice
	Global Sources Electronics — Startup Launchpad Exhibitor Award, Best Product Design
2018	Toppan Open Innovation Program — Special Prize
2018	TSS Rock the Mic USA — Winner
2019	LVMH Cosmetic 360 Awards — RETAIL & BRANDS
2019	獲潘文淵基金會年輕研究獎
2021	獲L'Oréal Big Bang科技創新獎

山峸製作設計｜袁浩程

完善產業結構
期能留住優秀人才

（攝影／Terry Lin）

山峸製作設計小檔案

代表人：袁浩程
共同創辦人：顏尚亭、吳重毅
獲U-start創新創業計畫107年度補助

許多表演藝術團隊面對Covid-19這個世紀疫情的衝擊苦不堪言，談定的合作或是取消，或是順延，為了防疫售票收入大減，使得營運雪上加霜。然而身處表演藝術生態圈，成軍三年、專攻劇場道具、展場製作的山峸製作設計，卻利用2020年首波疫情衝擊時放慢成長腳步，努力精進，累積未來再躍起的實力。

創辦人袁浩程，畢業於國立臺北藝術大學劇場設計系——這是全臺灣唯一專門培養幕後舞臺設計、燈光設計等人才的科系。袁浩程在學校老師的帶領與教育下，瞭解歐美劇場界完整的幕後工作態樣，像是佈景製作組、道具組等功能組別的細分，或是如技術指導、各組組長、成員等層級化人員編制。

產業生態斷鏈　優秀人才留不住

在學校中學到這麼完整的幕後生態觀，便以為真實的業界是這樣⋯⋯。錯！畢業後，袁浩程才發現，學校所建構的完整幕後生態系，放在臺灣劇場界只分為兩層：第一層是劇團找設計人員設計出需要的場景道具；第二層是劇團委請傳統木工廠依設計圖製作產出。

（攝影／Terry Lin）

山峸二手書店是山峸製作設計的起家地。中為書店店長王政中。

而在產出的過程中各種製作環節，像是材質的試驗，或是物品設計結構是否恰當等執行上的專業討論，只存在國外或學校裡。高中就讀工科的袁浩程，對於木工製作環境相當熟悉，親自手作與工法結構等技術事項對他而言不難；但對於許多人來說，擅長設計而不懂製作技術是常態。因此在製作環節出現的幕後產業鏈斷層，讓這些擁有好點子，卻不會製作技術的劇場設計人才無用武之地，故而紛紛轉行。

那麼，出國唸書是不是另一項好選擇？袁浩程笑著表示，他曾經也想出國繼續鑽研劇場舞臺設計或是空間設計，但是學成後回臺，如果仍然面對不完整的產業環境，那麼接下來不是轉行，就是在國外就業；再加上他聽聞一位相當優秀的學弟面臨未來職涯選擇時，也決定從表演幕後環境出走，讓他很深刻的感覺到：「哇！原來我們的產業是這麼留不住人！」想利用創業來健全產業環境的念頭，於是在袁浩程腦海中浮現。

整合製作環節各功能 補足環境缺口

事實上，很多臺灣劇團也不了解幕後製作的「眉角」，在設計和發包時，關於顏色、工法、質感等施作細節，劇團不見得懂，工廠也不見得懂，當然會因此衍生出許多溝通障礙或價格問題。這些畢業後親自體會的工作現狀，堅定了袁浩程為了彌補產業鏈缺口而創業的想法。他認為，如果能夠從「製作工廠」這一端開始提高製作品質，或許能讓產業生態轉變，讓許多熱愛幕後工作的優秀人才留在表演藝術領域，繼續發揮設計長才。

一開始，他是以freelancer（自由工作者）方式，依據專案類型邀請適合或是有檔期的夥伴一起承接。因為所有夥伴都是freelancer，製作班底並不固定，如果有業主在第一次合作時，對於當時

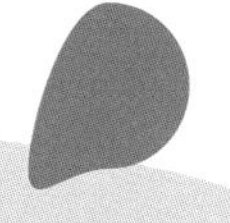

回想創業一開始到現在，我會對自己說：

“你選擇這條路沒錯，繼續走！”

的團隊提供的製作品質十分滿意，想在第二次合作時也能得到相同的品質，這個願望可能會因為當時的成員檔期排不出來而無法實現。加上開始承接了一些較大型的製作案之後，袁浩程發現：要維持相同的製作品質，就必須組成固定團隊，於是他找回合作愉快的同學顏尚亭、吳重毅，在2018年成立山峸製作設計。

這間公司，跳脫了傳統表演幕後產業設計、製作各自獨立的樣態，將之整合在一起。因此公司成員中，包含了設計師、製作統籌、舞臺製作、木工技師、繪景師，是臺灣少見兼具空間設計、製作能力的新生代幕後團隊。幾年間，山峸的作品橫跨表演藝術、電影、展場佈景、演唱會、密室逃脫等相異領域；像是2021年臺北時裝週《時裝時代，時代時裝》策展企劃與設計、2021年董陽孜《讀衣》藝術時尚跨界展佈景製作、2020年電影《刻在你心裡的名字》街景招牌製作、2020年《返校Detention實境體驗展》展場質感與道具統籌、2019年蔡依林演場會《Ugly Beauty》道具製作等，均出自他們之手。

層級化分工　從爭執中再進步

有別於許多新創公司，共同創辦人擁有平等的話語權，在山峸，袁浩程擁有最後的決定權。「我一開始也希望我們一起決定事情」，可是公司也慢慢越來越大，三位創辦人逐漸意識到公司必須要分層組織；當組織成形了，每位創辦人才能各司其職，運用部門的力量，帶好所屬團隊。對於公司的運作模式有了共識，山峸的三個創辦人同時也減少許多可能產生的溝通問題。

「我覺得是我比較強勢啦」，袁浩程笑著表示，自己是個不喜歡花太多時間討論太過細節的人；而藝術領域的美感、質感等評斷則是十分主觀，沒有客觀的標準，若是讓彼此的主觀無限堅持下去，勢必造成運作困難。幸好大學的養成教育，讓三位創辦人習慣就事論事，對於作品的好與壞， 一定會表達出來，沒有「退一步海闊天空」這回事，即使偶有爭執，但每次爭執的背後都是進步。

在業界口碑逐漸響亮、收入漸漸穩定之際，迎來了全球最大的Covid-19疫情。2020年臺灣疫情剛起時，許多大型活動全數停擺，表演藝術領域首當其衝。山峸原本前一年度預估營收相當令人振奮，卻在過完農曆年後，一路跌到冰點。但樂觀的袁浩程把這段時間當作練兵期，重新檢視公司發展步調，與人員的專業素養。

維持如常運作 大膽賭下去

「我們擴張的速度有點太快，去年的疫情反而讓我們停下來往回看，我們哪邊需要改進。」袁浩程直言，那段時間所有演出活動延後造成的營收空窗，再加上廠房必要的營運成本、人員精進的訓練成本，前後相加大概耗費400萬臺幣。當另外兩位創辦人在討論，要不要和其他公司一樣採取減班、減薪等措施，以度過眼前的難關時，袁浩程堅持一切如常，公司要維持正常的運作。

他舉了一個實際發生的小故事說明他的理由：因為營運空窗，難免遇到上班真的沒什麼事做的情況，於是袁浩程某個星期決定當週週五多放一天假；但隔週就有員工問他這個星期會不會也多放一天假。「我寧願再多花錢讓大家學東西，也不能減薪扣班，因為我覺得工作的心態會跑掉。」

如果就虧損的角度看山峸，山峸的虧損數字可能比臺灣任何一個劇團都高；但若從能否撐下去的角度看，則是另一種思維。「我們已經把想建置的製作生態系統建立起來了，所以我敢去貸款，我知道接下來，我們還是可以把這些虧損補起來。」袁浩程心裡明白，建立表演藝術領域的製作生態系難度頗高，然而樂觀的天性與清晰的發展方向，讓他願意繼續賭下去。

（攝影／Terry Lin）

共同創辦人吳重毅、顏尚亭

袁浩程給未來創業家的面試題：

對你來說，人生最重要的是什麼？

面試題檢測點：

這是決定方向，甚至是人生思考的起點。創業者在創業時一定會激勵自己一定會成功、成功之後的下一步要做什麼；或是，反面想想失敗了怎麼辦、遇到困難時怎麼看待困難……，這些都是不同階段的人生抉擇。但是這個抉擇一定和你認為最重要的事相互拉扯，所以建議先釐清。

另外袁浩程也建議未來的創業者，遇到困難時「不要怕事」，不要有太多預想，而是「就去做吧」！做了之後，才會真的有心得，這些心得將會引領你去下一條路。

心懷願景跟夢想 正向看未來

連續兩年疫情造成的遞延效果，把原本屬於表演藝術淡季的一到四月變成了旺季；山峸的工作排程已經排滿到2022年4月。此外，山峸再往前端走，將原先和學長王政中分租的北投老屋做了一些改裝，保留了王政中持續經營的「山峸二手書店」，再把其他空間改建為劇場，而「起家」的二樓小型木工廠，現在則變身為「ART BAR 藝術酒吧」。這間老屋改造後， 2020年舉辦了首屆北投小戲節，默默豐富了北投在地的人文故事。

創業路上學到最多的是什麼？袁浩程認為是心態上的轉變。相較於創業初期「先求有再求好」的接案心態，現在的袁浩程較能客觀看待現在的環境，更因為公司有了口碑，更需要穩扎穩打，維持品牌代表的製作品質，而不莽撞接案。這不僅是對客戶負責，更是對員工負責。

「我覺得，公司最重要的是要給大家願景，要給大家夢想，不止是給大家一份薪水。」走過新創公司最辛苦的前三年，經過兩波疫情洗禮，山峸活了下來，「接下來一定會更好！」袁浩程肯定地說。

山峸製作設計重點發展歷程

2018年
- 山峸製作設計有限公司成立
- 開辦首創全臺材質的實驗工廠：山峸北投廠區
- 與台灣駭客協會及科技部合作《資安攻防密室逃脫》
- 參與國慶花車設計與製作

2019年
- 獲臺北市產業發展獎勵補助計畫補助
- 赴日與52PRO日本劇團交流及協助臺灣巡迴佈景製作

2020年
- 增建佈景工廠：山峸八里廠區
- 成立山峸二手書店、舊峸劇場
- 主辦第一屆《北投小戲節》

2021年
- 獲經濟部中小企業城鄉創生轉型輔導計畫（SBTR）補助
- 《北投小戲節》獲國家文化藝術基金會補助
- 與鳳甲美術館合作《刺繡秀秀》企劃與展場設計
- 臺北時裝週《時裝時代・時代時裝》策展企劃與展場設計

印花樂美感生活｜邱瓊玉

傳達美感
與社會、環境共好

印花樂美感生活小檔案

代表人：邱瓊玉（左）
共同創辦人：蔡玟卉（右）、沈奕妤（中）
獲U-start創新創業計畫98年度補助

將臺灣庶民生活常見的鳥類、花草、小吃、生活物件與風景，透過設計，變成布料上的圖像，然後做成包包、布巾、圍裙、帽子、衣服，令人愛不釋手。在臺灣本土設計品牌裡，以印花布料創造美感與共好生活的「印花樂」，是少數能被日本觀光客認得出來的名字。

「我們三個創辦人都有老派靈魂，喜歡有溫度存在的傳統生活方式。」留著短髮的邱瓊玉，與嘉義高中美術班的同班同學蔡玟卉、沈奕妤，北上就讀大學美術系，畢業後一起創辦了印花樂。

臺灣印花布　市場的美學缺口

布料能反映市場的流行趨勢，也是她們三人共同認定最能表現溫暖質感、臺灣庶民風格的商品。「我們三人都會絹印，Ama（沈奕妤）還學過服裝設計與打版，懂得布料。在大學時代，我跟玟卉常常陪她逛永樂市場買布，我們很喜歡布料溫潤的感覺。除了可以做衣服外，也可以製成很多生活用品，並且能重複使用。」邱瓊玉說。

“走上創業的這一條路上，好辛苦！但是遇到風景很不一樣，謝謝當初的我做出這個創業的決定。”

然而臺灣的布料市場，長期盛行和風印花，日本進口布料的價格最高，但也有本地布料模仿日本的花色、圖案，走中低價位路線搶市場。雖然，有人認為大花大紅、繽紛豔麗的阿嬤花布，最能代表臺灣，但在平日生活裡，恐怕無法天天穿著出門、帶出去使用。所以，她們三個人的心裡有個疑問：「臺灣難道沒有用在生活的布料圖案嗎？」

帶著這些疑問，她們走訪永樂市場的布行進行田野調查，發現臺灣紡織工廠幾乎都外移了，即使臺灣有製造布料的工廠，但老闆迎合消費者喜愛的和風設計，印花圖案也多參考日本布花，看不見臺灣生活風格的印花布。這個市場缺口，觸動了她們設計臺灣印花布的念頭。

憑著「戇膽」 創業要趁早

當她們踏出大學校門，本想先各自找工作，打算十年後再來一起創業。然而，當時邱瓊玉、蔡玟卉的母校臺北藝術大學育成中心執行長劉怡汝（現為兩廳院藝術總監），鼓勵她們別延遲實現創業的夢想，要抓緊時間，否則十年後每個人有了社會地位、有了錢，甚至進入家庭，很可能因為無法割捨手邊的工作與家庭，難以啟動創業。

「創業很容易失敗！我們剛出社會，孑然一身，如果失敗了，其實也不會失去什麼。」回頭看彼時的三人，就憑著設計的熱情，攜手奔向創業之路，邱瓊玉笑著說，那是一種「戇膽」。於是，她們接受北藝大育成中心的輔導，以及獲得教育部U-start創新創業計畫的補助，在2008年成立「印花樂藝術設計有限公司」與「印花樂」品牌。

「我們讀美術系，很清楚知道圖案的脈絡是什麼，也知道圖案在生活裡所扮演的角色。」邱瓊玉說，她們起初的想法很單純，就是想做民眾會

自生活中取材的印花，增添許多繽紛樂趣。

在平日使用、可以妝點生活的布料，於是選了臺灣居家日常所見、貼近民眾生活的特有種鳥類「臺灣八哥」，設計第一款印花圖案。

印花轉印生活美好事物

有人曾經問她們，為何沒選臺灣黑熊、櫻花鉤吻鮭做設計？「我們曾幾何時在日常生活中見過牠們？」邱瓊玉強調，印花樂的圖像設計，堅持從生活出發、進入生活，必須要與臺灣民眾產生共感、記憶，並從「創造美感與共好生活」的核心價值，長出架構，再用圖案、事件、創作去維持這個價值，這才是一個永續作法，且不會大量消耗設計師的創作力。

所以，她為印花樂設計師下了一個妥切的註解，認為設計師如同翻譯員，能將前述生活脈絡裡的美好事物，翻譯轉換成大家都非常喜歡、很能接受的圖像。

2011年，她們在永樂市場所位居的臺北市大稻埕，開設了首家直營店，把開發的新布品放在店面銷售，測試市場的接受度。她們先從自己有辦法掌握的家飾、包包配件等偏雜貨類的產品去試，結果市場反應熱絡，特別能吸引尋找「臺灣在地特色」商品的日本、港澳、泰國、新加坡等外國觀光客，買回家收藏；而國內消費者則是看中布品素雅不俗的設計與實用價值，買來自用或當贈品。

雖然品牌強強聯手 仍要面對疫情考驗

在店面零售生意逐步穩定後，印花樂繼續開闢另一條新的事業路線──跨界品牌聯名，透過與客戶品牌聯名合作的策略，經營B2B的ODM（委託設計代工）業務，像是與餐飲業的麥當勞合作，將印花樂的八哥、煙火，搭配麥當勞經典圖騰的薯條、漢堡，推出客製化、限定商品「印花樂花漾包」。

隨著零售、ODM業務逐年成長，走在經營軌道上的印花樂，看起來順風順水，沒料到突如其來的Covid-19疫情考驗，帶來營運的大震盪。當各國為了防堵疫情擴大，實施邊境管制，造成來臺灣觀光來客數銳減，導致客源市場有五成為國外觀光客的印花樂，店面業績瞬間大幅跌落，只剩三、四成。

「在我們的國外客源裡，日本客占了70%，他們無法飛來臺灣。這樣的衝擊來得太快，我們面對得相當痛苦。」邱瓊玉說，疫情是目前印花樂遭遇的最大困難，全臺八家店的零售狀況非常慘，撐了一陣子後，她們決定裁撤大多數的店面，只留下大稻埕本店、三店，以及誠品南西店的三家店。

即使零售下滑　也要善盡社會責任

除了零售下滑，原物料也大缺，連同撤店後的人員安排、資源配置、營運調整，都要趕快想辦法解決。例如印花樂的產品全部在臺灣製造，其中車縫的部分，是與臺灣世界展望會嘉義中心的「媽媽樂縫紉工作室」、高雄杉林鄉八八風災永久屋的「大愛縫紉手作坊」合作培養社區的車縫師傅，讓需要穩定收入、維持家庭開銷的經濟弱勢婦女，承接印花樂的加工訂單。

重視企業社會責任（CSR）的印花樂，有超過一半的車縫產能，交給這群社區媽媽們幫忙加工。「疫情來了之後，零售很慘，但我們不想要因此減少她們賴以維生的收入，所以就趕快開發更多的B2B業務，去補自有商品流失的訂單。」邱瓊玉表示，雖然疫情衝擊各行各業，但印花樂傳達臺灣之美的設計圖案，讓屈臣氏、曼秀雷敦、白蘭氏、黑人牙膏等企業，紛紛登門尋求合作，透過設計代工布品、圖案授權等方式，推出獨家布包、聯名新包裝。

另外，在疫情發生之前的2019年，印花樂才剛建置自己的電商團隊。「好在電商有建立起來，在疫情期間的業績呈現跳躍式成長，不過因為我們起步慢，至今成長的部分，仍無法弭平線下業績的流失。」邱瓊玉說。

邱瓊玉給未來創業家的面試題：

你有沒有夢想？有沒有辦法踏實經營公司？

面試題檢測點：

夢想與經營能力，分別位於天平的兩端，同時具備它們，才能做好創業。如果只有夢想，創業就會變成曇花一現，甚至也因為自己沒有經營能力，開始質疑自己的夢想；反之，只有經營能力的話，創業者很多時候沒辦法走下去，或無法做出決斷。

從善意出發 與環境共好

在百年文化的大稻埕街區落腳十年，印花樂的三位創辦人經歷觀光、購物人潮川流不息的繁華，也親身感受到超過三十間店，在疫情期間陸續歇業關門的寂寥場景。

「如果今天是我一個人創業，一定早就投降了！」邱瓊玉苦笑，「但我們是三個人創業，遇到困難，也有辦法一起討論出對生意、營運的最好作法，而且還要對人、對環境良善，就是要讓事情圓滿。」

起心動念的初心從善意出發，印花樂眺望未來，依然樂觀看待。三位創辦人希望為臺灣設計產業育才，日後想辦一間培訓職人的設計學校，引導學生學習創作，並透過實作訓練，幫助設計師做出產品，才能讓產業分工更加完整。

印花樂想創造的，是美感價值能普及於生活的影響力。

印花樂傳達的美感價值，對社會、環境的共好，可以進入生活、普及於生活，這就是邱瓊玉、蔡玟卉、沈奕妤想要的品牌影響力。

印花樂美感生活重點發展歷程

2008年	團隊成立
2009年	印花樂美感生活股份有限公司成立
2011年	開設品牌第一間直營店
2012年	受資生堂之邀展開第一個品牌客製案
	入選《Shopping design》雜誌「Best 100」獲最佳設計團隊獎
2014年	出版第一本品牌著作《印花樂：手印花布與生活本子》
	開設第二間直營店
2016年	首次推出授權商品「印花樂×N次貼」
	開設第三、第四間直營店
2017年	與日本代理商Vidaway代理合約（至2019年結束）
	開設第五間直營店
	舉辦「快樂浪花淨灘藝術節」
	入選《Shopping design》雜誌「Best 100」獲社會關懷友善環境獎
2018年	開設第六間直營店
	舉辦「野地如茵──印花樂品牌十週年特展」
	入選《Shopping design》雜誌「Best 100」獲年度原創品牌獎
2019年	開設第七、第八間直營店

自力耕生｜孫宗德

找出痛點
市場自然擁抱你

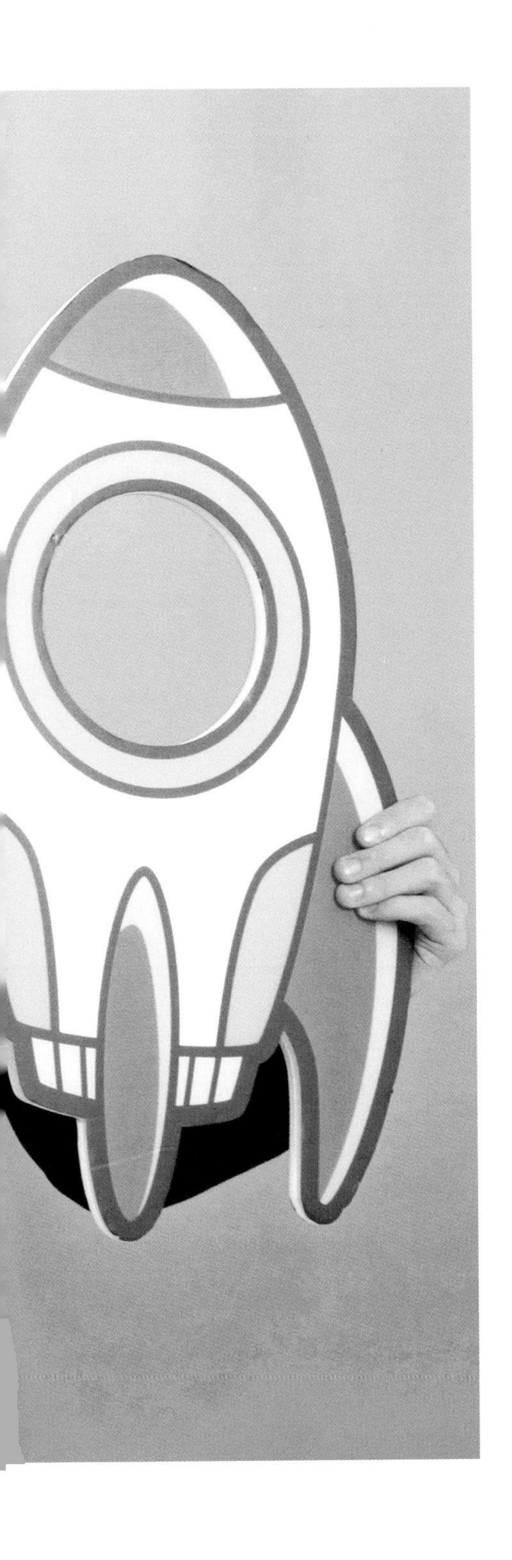

自力耕生小檔案

代表人：孫宗德
共同創辦人：鄭文閔
獲U-start創新創業計畫102年度補助

從一個熱愛「發明」的大學生，到成為臺灣寵物濕食市場最大在地品牌的經營者，孫宗德用8年時間，將新創公司「自力耕生」的營業額，從0拓展到10億元臺幣。

因為太想當發明家，孫宗德選填清華大學材料系，並且雙專長電機系；他還會隨時記錄自己想到的發明點子，用來記錄的筆記本上慢慢累積出100多個點子。4年大學念完，他雖然發現課堂學到的基礎知識偏向學術研究，比較無法運用在發明物品上，卻沒有因此打消當發明家的念頭，反而是回頭翻翻自己的「發明筆記本」，挑一個適合當時實現的點子準備著手。「貓草」便在此時映入眼簾。

以防霉貓草產品初試啼聲

貓草是一種為貓咪補充營養、幫助消化的芽菜，愛貓成痴的主人多半會自己栽種，讓貓咪隨時有最新鮮的貓草可以享用。家裡養著貓與狗，也是愛貓人的孫宗德會把貓草列入筆記，是因為當時市場中的貓草種子全是進口貨，而貓草適合生長在大陸型氣候或溫帶型氣候，種子到了亞熱帶氣候的臺灣，就容易發霉。一盒種子要價150元臺幣，能不能發芽看運氣，寵物用品店老闆沒有售後保證，「我覺得這樣很不合理。」

不斷找出市場痛點，讓自力耕生
不斷創造被市場需要的價值。

於是，孫宗德和同學一起研究，發明自動澆水的貓草盆，讓貓主人輕鬆種貓草，找出「酵母菌防霉技術」為貓草種子防霉。雖然後來貓草盆不被喜愛親手種貓草的消費者接受，但經過防霉技術處理的貓草種子，卻成為公司成立後第一個暢銷商品。

有了現金流，公司被市場接受，成長卻不如預期。於是孫宗德開始思考：是不是該解決發生頻次更高的市場問題？轉眼看到寵物食品這個領域，他發現當時臺灣寵物食品高度仰賴進口，從外國品牌商出貨，經過臺灣大盤商、中盤商、再到寵物店分銷，層層轉手下來，寵物食品的市售價因此居高不下。「那麼，有沒有可能自研、自產、自銷，垂直整合？」他自問著。

為了讓「自力耕生」成為一間被市場需要的公司，孫宗德決定以當時屬於高單價的「濕食」為切入點，並且以「兩倍好食材，只需要一半價格」為目的，精算成本結構、提升產品品質，希望讓每位愛貓人都能以實惠的價格，為貓咪準備健康的食品。

濕食產品　每隻毛小孩都應該吃得起

只要貓咪的食品中含有70%以上水分，即統稱為「濕食」。濕食領域中，下分主食罐、副食罐、生肉餐、自製鮮食、自製生食等等。在少子化、經濟富裕的今天，有「毛小孩」之稱的寵物，是主人共同生活的陪伴者，主人為了寵物的健康，選擇飼料時當然格外用心；貓咪濕式主食因而興起。

因此孫宗德邀請擁有食品營養、獸醫師等專業的朋友加入，一起研發濕食中的「生食」。生食是將不經烹煮的肉塊，以高壓低溫滅菌後，經營養調配而成的寵物食品。他認為「每隻毛小孩都能吃得起健康的寵物食品」是普世價值，因此在透過臉書社團、LINE群組等社群銷售生食冷凍包

> **把錢用在「刀口上」，**
> 就是把錢用在顧客有感覺的地方，才叫「刀口上」。

時，自力耕生不忘同步傳達這樣的價值和使命。

自力耕生開發的寵物生食，曾因為參考美國知名獸醫師皮爾森（Dr. Lisa Pierson）發表的食譜，遭到網友強烈指責「不尊重版權」、「黑心」、「臺灣之恥」等等。為了化解公關危機，他們直接去函向皮爾森醫師致歉，同時說明完整的製作過程，卻得到皮爾森醫師的大力讚許。於是他們翻譯皮爾森醫師的回覆，連同原文照片公布在社群，以為事件就可以落幕了，沒想到引來更多討論或指責。

但是俗話說：「嫌貨才是買貨人。」藏在這些指責中的期待，才是真正的消費者需求，甚至有些建設性的指責，不僅讓自力耕生團隊仔細想想有沒有改進之處，還能協助他們找到未來的同行者，反而是一股助力。當時需人孔急的孫宗德，在網友留言中發現「恨鐵不成鋼」的評論，立刻私訊這位網友深談，談著談著，為公司談來包括現任設計長在內的幾位好夥伴。「主要還是有共同的信念跟使命，讓大家願意聚在一起。」他笑著說。

痛到麻木的盲點 才是真的市場缺口

自力耕生隨後創立自有品牌「汪喵星球」，並且持續發掘市場痛點，甚至是痛到麻木的盲點；「無膠主食罐」便是在這段發掘的過程中誕生。

打開當時市售的主食罐，肉泥占了三分之二，剩下的三分之一就是由水和膠質組成的果凍所填充。這讓孫宗德納悶：「我們到底買的是貓咪主食，還是買果凍？貓咪是不需要吃果凍的。」這些品牌商會這麼做，目的還是為了降低成本。「那麼，我們有辦法做出臺灣第一款『無膠主食罐』嗎？」經過研發之後，肉類含量98%以上的第一款無膠主食罐於2017年上市，價格卻是其他品牌的一半，因此大受歡迎。

在自力耕生的「示範」下，市場曾出現近10個臺灣寵物生食品牌，但均因為無法提供相近的產品品質與市場接受的性價比價格而消失。這也印證了孫宗德所分享「單點創新是在幫大廠打工」這句話；如果沒有在整體商業模式中找出藍海，僅在單獨品項上創新，那麼這項創新所測試出的市場紅利，勢必將被更具產銷競爭優勢的大品牌所接收。

換位思考 突破挑戰與挫折

對孫宗德來說，創業過程最大的挑戰或挫折在於「人」。回顧因為發明自動澆水的貓草盆，而贏得教育部U-start創新創業計畫補助時，團隊成員都是學生，以致於彼此不好意思直接講清楚如何運用或分配補助款。其中一位成員基於自己的貢獻比例，要求分配30%，但孫宗德覺得不合理，「因為就算把補助款全數用在公司上，公司都不一定會存活了，更何況這筆錢也不是給我個人，用在我身上。」於是彼此誤會加深，革命情感因此破裂，無法挽回。

接下來的挫折來自外部生產工廠棄單不做。對才起步沒多久的自力耕生來說，一張100多公斤的訂單被工廠棄單，後果極可能是公司因此結束；但對製造廠來說，他們接的訂單是以噸計算，當產線發生排擠時，捨棄量小的訂單很正常。「那個時候對我來說，叫做『內憂外患』。」孫宗德苦笑道。

面對外部廠商突然抽手或是內部夥伴離開，創業沒多久的孫宗德一開始覺得世界對不起自己，為什麼同時被背叛？後來他從對方的處境換位思考，發現最大的原因還是自己沒做好，讓夥伴們對未來沒有希望；「對方的想法我改變不了，那就改變自己。」

因此他開始建立內部管理制度，讓創造高價值的同事能得到最好的獎勵，藉以激發起團隊一起向上的動力；對外，在那時訂單必須委外生產的階段，每筆訂單他會同時找2至3家工廠打樣，建立生產線備案。「這才是一位好的經營者該有的專業管理。」孫宗德這麼說。

創造價值、解決問題 自然有獲利

孫宗德給未來創業家的面試題：

創業是為了什麼？

面試題檢測點：

創業是生活方式的選擇，也是職業的選擇。創業的報酬率其實不高，成功率很低；如果用統計上的「期望值」去看，會是負數。你有可能至少不成功3次以上，有可能創業10年還是做不起來。這樣你還願意做嗎？如果事前想過還是願意投入，就放手一搏吧！

另外，請隨時保有創業的初衷。有初衷，才有辦法讓創業之路走得久，也比較不會因為路程中的困境、壓力、誘惑而迷失自我。

回首資源有限的草創時期，孫宗德曾經迷惑：創業資金應該怎麼運用？迷惑的他拿這個問題請教前輩，「前輩說『錢要花在刀口上』；可是什麼才叫『刀口上』？判斷標準又是什麼？」

隨著經驗逐漸累積，孫宗德突然明白：顧客能感受到的地方，就是「刀口上」。或許這筆錢可以採購一臺多功能事務機，方便大家工作；但如果公司附近就有影印店，考量事務機使用頻率、逐年攤提成本等情況後，是不是可以去影印店列印就好？如果郵局在公司樓下，那還有必要買一個郵務用的電子秤放在公司秤郵件重量嗎？

「後來我就把這些能省下的錢全部省下來，只花在顧客感受到的地方。」觀念轉變後，創業資金發揮出最大的價值；孫宗德的創業之路因此越來越順。

最近自力耕生找到的市場新痛點，是貓咪排泄處理：從環保又可多次利用的貓砂原料、貓砂盆設計，到方便的清理方式，提供貓主人一套完整解決方案。這套解決方案可能需要花費較長的研發時間，屆時能不能回收成本？孫宗德認為，營收的成長還是來自於創造什麼價值、解決什麼問題，「獲利」只是副產物；如果能滿足市場缺口，「我覺得，這些都不用太擔心。」他笑著說。

有快樂的工作夥伴，才會有快樂的毛小孩。

孫宗德（右）與共同創辦人鄭文閔（左）。

自力耕生重點發展歷程

2013年	自力耕生股份有限公司成立
2014年	貓草產品進入實體通路
2015年	創立「汪喵星球」品牌
	推出第一款生食產品
	成立電商平臺
2017年	新竹廠落成
	推出第一款無膠主食罐
2019年	布局東南亞市場
2020年	新竹廠擴廠
2021年	資本額增資至3,300萬元臺幣
	興建苗栗新廠

半隻羊立體書實驗室｜葉洋、盧盈文

打造臺灣立體書 讓紙張更有溫度

半隻羊立體書實驗室小檔案

代表人：葉洋(左)
共同創辦人：盧盈文（中）、葉禮華（右）
獲U-start創新創業計畫105年度補助

把中秋月餅禮盒變身為立體書，受贈者打開後，目光一下子被吸引進入鹿港小鎮張燈結彩的大街上，看著團圓的一家人在路邊烤肉、嬉戲、享用月餅。這般超越文字的視覺想像，充滿濃厚的中秋氛圍，令人心為之怦然。

這款結合立體書與月餅的中秋禮盒，是2021年鹿港老餅舖玉珍齋與半隻羊立體書實驗室，合作推出的節慶商品。半隻羊的共同創辦人葉洋說，「客戶（玉珍齋）回應賣得滿好的。」

透過立體書　創造紙工藝的收藏價值

半隻羊是國內第一家設計、製作立體書與立體卡的公司，客戶遍布國內博物館、美術館、圖書館、能源、農業、國防、不動產、營造、金融、水土保持等產業。紙張成本很低，但變化很多，跨界包容力很強。半隻羊之所以能夠打中客戶的心，葉洋分析根本原因在於所提供立體紙藝產品，能凸顯企業特色，而且雙方的品牌結合，有擴大效益的相乘效果。「此外，我們也可以跨界跟百大產業結合，目前客群的產業覆蓋率達到84%。」葉洋指出。

創業是一場沒有歇息、不會停止的耐力賽，
需要很大的續航力，
請不要先耗盡自己的體力！

立體書既是書，也是精緻奇妙的紙藝品，透過紙張的層層疊疊，再加上推、拉、轉、翻、摺等簡單動作，就能營造出由淺到深的透視空間，像是藏在書殼裡的驚喜，極容易被全球書迷廣為珍藏。葉洋與盧盈文和弟弟葉禮華參加教育部U-start創新創業計畫，選擇立體書作為創業主題的原因，一來是他們喜歡立體書，二來則是在建築相關科系的訓練下，讓他們擅長用自己的眼睛，看出環境中的透視狀況，這正好是設計立體書所需要的能力。

「我們做立體書的時候，臺灣根本沒有這樣的產業先例，甚至連萌芽都還沒開始，市面上流通的立體書多是進口書、兒童書。」立體書產業在國外早已有兩百多年的發展歷史，不光是知名的童話故事，許多電影或生活中任何具有主題性的東西，都可以被做成立體書。「因此，我們的創業不是從兒童書的導向切入，而是希望做到具有精緻度、耐久性、包容度，能永續使用的精品。」盧盈文表示。

分工明確　起步的經營策略也明確

半隻羊考量自己的財力及人力不足，為了不把時間與精力花在人事管理上，3位創辦人決定一起扛下公司所有的工作。為了做好分工，個性不同的他們，花了很多時間溝通、腦力激盪，提出分工明確的工作內容。例如盧盈文負責行銷業務、展示設計、經營顧客關係；葉洋主導紙藝研發、財務管理，以及聯繫供應廠、製造商；葉禮華則是包辦平面、動態、美術等相關設計，以及與外部單位合作的專案。

葉洋強調，臺灣擁有適合立體書發展的歷史建築、傳統故事等題材，足以堆疊出屬於立體書的工藝價值，可是因為一直沒有人開發，所以目前

讓消費者DIY的紙藝商品，最後的成品往往讓人愛不釋手。

還是藍海市場。「雖然業界已經有7、8位做立體書紙藝的設計師個體戶，但是具備分工明確的團隊、有公司營運態樣，以及建立銷售流程等完整模式的，半隻羊算是第一家。」

不過，立體書在臺灣尚未掀起熱度，半隻羊要經營這個市場，就像人類第一次登入月球，顯得困難重重，甚至U-start的評審中，也有人不看好半隻羊。「對方認為我們走這一條路不會賺錢，也活不過兩年。」葉洋說，當時他們3人默默地把這句話放在心裡，然後小心翼翼、步步為營，「有了U-start評審提供的建議，讓我們知道3個人的精力有限，沒辦法一次抓齊B2B、B2C的客戶，只能擇其一，所以我們決定初期先用B2B的品牌聯名方式去做。」

取得故宮雙授權　為產業推進一大步

半隻羊成立初期，接受國立雲林科技大學產學與智財育成營運中心的輔導，在中心的引薦下，為發展太陽能的天泰能源設計並製作立體書，成為鼓勵半隻羊挺進產業的一劑強心針。接著，他們將觸角伸向國內圖書館、博物館、美術館領域，與國立故宮博物院、衛武營國家藝術文化中心、奇美博物館、臺南市立圖書館等單位，完成雙品牌聯名的立體書商品。

其中，與故宮合作推出的花卉立體卡，讓半隻羊真正獲得市場的曝光度。「半隻羊與故宮簽訂雙授權合約，由故宮提供典藏畫作的授權，半隻羊提供紙藝立體書結構創作的授權，這也是故宮在簽約方式上的突破。」盧盈文說，在雙授權合約的模式下，半隻羊未來能繼續將花卉立體卡，以不同的行銷方式，像是策劃展覽、舉辦體驗課程、出版書籍、做AR及VR運用、推出課程材料包、拍攝行銷影片等，把彼此的品牌推得更廣。「而這個模式被開啟後，衛武營、奇美博物館、臺南市圖、臺灣博物館等紛紛主動跟進，把模式

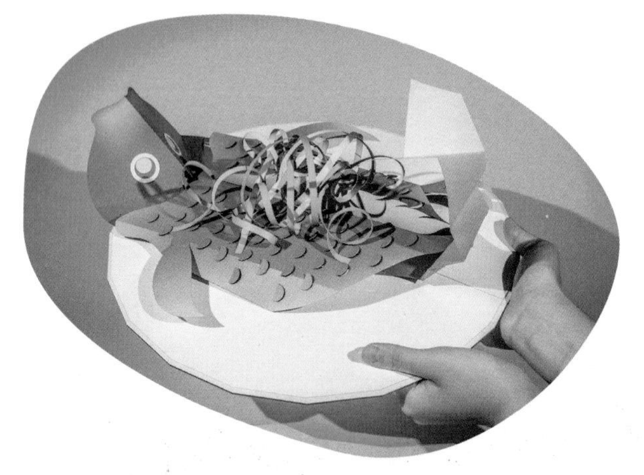

2018年協助天作之合劇場在舞臺劇《飲食男女》中設計的道具。

套用在所合作的作品裡，讓臺灣立體書產業有很大的進展。」

也就是說，半隻羊取得雙授權的一小步，不僅促成產業跨出了一大步，也帶出長尾效應。「跟我們合作過的客戶，發現產品會有未來的市場價值，在持續販賣之外，後續還可以創造新的東西。」葉洋解釋，半隻羊與客戶聯名的產品，要花費近一年時間進行研發，如何讓客戶覺得投入的時間成本，日後還可以延續下去，而不是放煙火式的一次性目的，則是半隻羊必須與客戶取得共識的重點。

廣開課程　拓展B2C市場影響力

在競爭者少之又少的藍海市場，半隻羊創辦人用自己的節奏，一步一腳印地前進。他們認為，臺灣的立體書走向產業化，必須先做好兩件事。第一，是透過教育推廣，吸引更多人認識、欣賞立體書；接下來，則是策劃推廣立體書的活動，掀起收藏臺灣立體書的風潮。這兩者雙管齊下，才能讓產業的發展更扎實。

「就像法國的米其林評審公司會找廚師去學校，帶領小朋友嚐美食，讓他們記住美食的味道，長大後就會去得到米其林評鑑的餐廳消費。我們也以此心情，去打造立體書的產業與市場。」盧盈文強調，即使半隻羊目前的業務重心幾乎放在

葉洋給未來創業家的面試題：

你想讓公司活下去的決心有多大？
你做藝術、文創產業，敢不敢去跟客戶談錢？

面試題檢測點：

創業者雖然有夢想要實現，但是想辦法讓公司活下去更為重要。此外，大部分藝術、文創出身的設計師，都很怕去談案件的收費，如果他們能愈快學習到議價，愈有機會讓公司走得下去。

B2B，但團隊仍會想辦法擠出時間，舉辦立體紙藝體驗課程，插旗B2C未來客群。

很多年輕人為了夢想而創業，但是半隻羊的3位創辦人卻很務實。他們認為創業者的首要目標，就是要想辦法生存下去。在活下來之後，還要把自己變強變壯，並建立維持長久穩定的商業模式。

用手作溫度　創造美好生活

「其實，我們在創業初期，思考了非常多，為了活下來，決定接下代工訂製的單子，那些訂單不完全與我們的立體書業務match（融合）。」葉洋說，當時半隻羊每一年還是會接到1至2個與立體紙藝相關的小卡片、紀念卡合作案，以作為對外萌芽的主打商品，希望經過時間累積後，能在市場開枝散葉、產生知名度。至於代工案則會刻意隱藏，並不主動對外宣傳。

在國字的造字法則中，只要帶有「羊」偏旁的字，像是「美」、「祥」、「鮮」等字，多半含有「好」的意義。以「半隻羊」為名，代表三位創辦人希望與不同的夥伴合作時，都能創造出一份美好完整的作品，豐富生活中的文化色彩。隨著資訊類平臺與電子媒體充斥在我們的生活中，使得具有溫度的手作工藝逐漸式微，因此半隻羊希望保有立體書的工藝性質，透過「手作」來平衡過度數位化、資訊化的生活；透過手作，打造一個有文化、有溫度的產業。

為臺南市立圖書館所作的紙藝設計。

半隻羊立體書實驗室重點發展歷程

2013年 獲ADAA國際卓越設計獎Semifinalist

2014年 半隻羊立體書實驗室創立

2016年 獲國民健康署「藝起燃燒健康魂」設計競賽金獎

獲戰國策全國創業競賽佳作

2018年 臺灣文博會參展獲評「百大新銳」

2019年 與國立故宮博物院合作雙授權，推出花卉立體卡套組

進駐桃園馬祖新村文創園區，成立臺灣華人首間立體書製本所

2020年 擔綱奇美博物館「紙上奇蹟」特展的展出藝術團隊

Chapter 2

構築世界的

運用科技，發揮創造力；

融合科技，轉動新契機！

科技力

振昇機器人GTA Robotics｜蔡昇恩

以機器人教育培力下一代迎向未來

振昇機器人GTA Robotics小檔案

代表人：蔡昇恩

獲U-start創新創業計畫109年度補助

每個孩子呱呱落地後，對於會動的物體總是充滿好奇，玩具中必定有輪型的車輛，或是電動的遊具；當肢體協調能力越好，操控玩具的技巧越高，對電動車輛、遙控機器人的興趣也因而提升。隨著人類生活越來越科技化，AI的導入，讓機器人不只是遊戲機，更成為各國競相研發的焦點。

「GTA Robotics是一個從事人型機器人教育的公司，我們希望學生在學習程式的同時，也能擁有跨領域的技術，不只是外觀與程式設計、完整製造機器人，甚至將作品帶到賽場上運用，都是我們的教學內容。」2021年剛由臺灣科技大學機械系畢業，進入研究所就讀的蔡昇恩，侃侃而談自己熱愛的人型機器人教育推廣，完全沒有同年齡學生的青澀。

由設計繪圖 發現操作機器人的樂趣

喜歡動手做的蔡昇恩，國中時熱衷於科展，總是在實驗室待到很晚才回家，以致會考成績不盡理想。進入技職體系後，因為喜歡繪畫選擇製圖科，才知道課程以繪製結構和零件為主。高二時，蔡昇恩與其他科系同學組隊參加輪型機器人競賽，他負責設計車殼，搭配其他同學的零件與程式控制；「那時發現自己可以從頭到尾設計出一個會動的東西，很好玩。」

他開始知道人型機器人這類產品，於是到機器人格鬥現場觀摩，自此深深著迷，四處尋找資源和課程，投入人型機器人領域，隨後陸續參加國內外的大小競賽。

在政策推廣下，全臺幾乎每兩個月就有一場機器人格鬥賽。蔡昇恩初期和其他玩家一樣，購買品牌量產機。量產機有教育版和市售版兩種，後者就像買一臺新車直接開，前者則是購買車輛的散裝零件，搭配課程才能組裝完成，外型和市售版相同，但玩家可參與組裝的過程。

蔡昇恩（中）帶著團隊參加創客活動。

蔡昇恩（中）與藝人合影。

不斷持續學習 做出自己的機器人

蔡昇恩透過教育版搭配課程，一步步學會如何組裝機器人。這些經驗讓他了解量產機的弱點。當組裝教育版無法滿足對性能的期待時，他開始自己設計製造機器人，成為賽場上少數自行創作的玩家。

最初家人是不建議我往藝術方面進攻，由於家族多半從事藝術設計，開銷較大，因此我選擇了機械設計。於是他利用打工和比賽獎金，為自己爭取機會，也因為學習態度佳，讓老師在機器人售價上給他較大的折扣；他笑稱，花自己的錢會更認真。

2016年，蔡昇恩帶著自己的作品參加勞動部舉辦的輪型機器人足球賽，現場有別隊教練因為沒看過他所創作的競賽車，於是檢舉他違規。他環視會場，參賽的車全部都是量產車，「當時我很訝異，難道自己做的車不能參加比賽，一定要買量產？當然是自己做的掌控度才高。」

為推廣機器人創作 成立工作室

後來他的車經檢驗符合賽事規則，於是順利出賽。在這場二對二的足球賽中，他和夥伴志不在踢進球，而是在鏟倒對手的車，因為對手翻車後無法再翻回來，那麼己方就能開心踢球。「結果我們並沒有得名，因為我們忘記別人也

“很慶幸能從最初持之以恆至今。”

是會踢進球的。」賽場上雖玩得開心，但賽前的風波，讓蔡昇恩心裡萌發創業的念頭。

「那次的比賽經驗讓我很震撼：比賽沒有限制機器人參賽廠牌，為什麼參賽車沒有選手自己做的？在國外，無論是小朋友或中學生，他們的機器人多半是自己做，每個機器人都有自己的特色。」蔡昇恩曾在生產量產機的公司實習，認識很多學生和人脈；前東家結束營業後，他便成立工作室，這些學生因此轉向他學習。

從無到有設計一個機器人，需要學習很多技術。蔡昇恩認為，教孩子寫程式，只在電腦前模擬，學習成效並不大，但將程式放在會動的物件上，能吸引孩子把程式學好，而參加比賽與其他選手交流，更是提高學習動力的方式。

現場調校和維修 國際賽的致勝關鍵

目前以青少年為參加對象的人型機器人競賽，是遙控機器人為主；以大學生以上為參加對象的熱門國際格鬥賽事，比的則是全自動機器人。全自動機器人仰賴眼睛或感應器控制，須自行搜尋地緣位置、判斷移動方位，除了要能偵測比賽場域界線、不能掉出場外，玩家在機器人下場後，不能再進行人為干預。

「最理想的狀況，是將所有可能發生的情境程式化，讓機器人直接透過感應做出判斷。」但機器人飛出國比賽，極有可能因為飛行時，高

蔡昇恩參加國際機器人賽事，贏得許多獎項。

空壓力與溫濕度等變化，導致性能不如在國內測試的完美；而比賽現場燈光等環境條件，也有可能和機器人的系統預設不同。這時最重要的關鍵能力，就是現場調校和技術維修能力。「我希望學生在比賽中學習不慌張，找到問題去解決，那就是最棒的比賽經驗。」

目前重要的機器人國際賽事之一，是由日本主辦的「ROBO-ONE二足機器人競賽」。這個賽事以走直線的二足機器人為主，參賽的機器人必須在規定的4.5公尺直線賽道中，繞過所設的障礙物，若掉出擂臺界線外立刻被淘汰。每次競賽參賽隊伍多達200組，賽事在一天內完成。

不過2019年，日本因為籌辦東京奧運，故將比賽項目改為移動、倒立、迴旋跳、前（後）翻等四種體操動作，於是參賽隊伍馬上少了一半，畢竟練習時摔傷馬達的修復成本相當高昂。為了鼓勵機器人產業發展，台北市電腦公會與日本合作，先於該年5月在臺灣舉行ROBO-ONE臺灣區競賽；無論成績如何，玩家皆可報名9月在日本的比賽。當年日本賽只有100多組隊伍參加，臺灣選手約占了四分之一；蔡昇恩帶了6名學生前去，全部選擇難度較高的單手倒立和前滾翻，果然贏得佳績。

GTA Robotics重點發展歷程

- 2018年　團隊成立
- 創立GTA Robotics品牌，並投入套件及教學
- 2019年　租借教室開始招生，同時投入校園授課
- 2020年　振昇機器人有限公司創立，金流穩定達正營收
- 2021年　開設全臺第一間人型機器人/3D打印實體門市

培育技藝師資　添教育現場生力軍

108年新課綱上路後，關於技藝上的彈性學習課程，學校多半仰賴外界廠商的協助。蔡昇恩觀察到，學校制定了課程方向，會委託廠商為老師進行全學期課程的教育訓練，再由老師授課；而無論是國中，還是高中都非常缺乏創客教育的師資，因此，GTA Robotics將近程目標放在師資培育上。

雖然已有教學經驗，蔡昇恩認為機器人教育屬於課後才藝，授課時間不長，所培育的師資若沒有課程可教，也難以發揮。於是他和學校合作，為學校訓練教師，或是安排他培育的師資

到校任職；如具教師資格者，則直接成為校內的機械教育老師；未具教師資格者，則為學校職員並兼課。這些師資，不僅能從無到有帶領學生學習機器人專業知識，甚至能協助學校優化教學品質。

由打底的基礎課程開始，到做出自己設計的機器人，總授課時數約180小時；以每周兩小時才藝課計算，通常得花上兩年。蔡昇恩說，相較於自己研究機器人的學習歷程，他的學生沒有經濟壓力且學習意願濃厚，但大多數家長卻擔心孩子因此忽略課業；比起學到了什麼，家長更在意的是參加比賽是否能在推甄時加分。「遇有同級分時，獲獎的孩子錄取機會確實比較高，但這並非我所樂見的學習態度。」

機器人運用在工業或家用市場上，有無限可能。

蔡昇恩給未來創業家的面試題：發明和發現有什麼差別？

面試題檢測點：

創業家是從無到有。市場上沒有需求的時候，發明是自己想做但沒有時間限制，且會緩慢的改變社會，例如電動車的發明。但發現是已經產生的問題或是很容易被觀察的現象，而急需去改變。理解兩者差別，創業就能更聚焦。

透過創作機器人　練習解決問題的能力

蔡昇恩認為，教育部推動素養教育的目的，是希望培育出孩子具備從無到有、有始有終的能力，而他所推廣的機器人教育正是此範疇。他發現許多人在職場上遇到問題就停滯，無法自己找答案；而解決問題的能力卻必須自己透過不斷練習思索，再向外尋求協助，如此反覆循環不停學習，才能逐漸擁有。

對蔡昇恩來說，機器人是個全能的載體，無論是工業用或家用市場，未來產業的運用上有無限可能。「我現在努力培育師資推廣機器人教育，讓更多孩子學會製造機器人；未來當產業發展成熟，這些具備機器人專業概念和操作能力的孩子，能很快投入各種領域，讓這個載體帶領人類體驗更豐富的未來生活。」

先進醫資｜黃兆聖

以雲端醫療和智慧照護提升生命的美好

先進醫資小檔案

代表人：黃兆聖（右二）
獲U-start創新創業計畫98年度補助

在一般診所，帶健保卡掛號，而後進入診間，讀卡機上的健保卡就能讀取寫入個人疾患狀況，同時記錄領取的藥物。若至大型醫療院所，甚至可透過網路預約掛號、查看診間序號，節省等待時間。這是現代臺灣人置身健保體系下的便利生活。

然而在健保制度尚未建立的二十多年前，門診看病是場漫長等待，更可能是一場競賽。根據聯合國報告，全球65%以上國家的醫療機構，還停留在傳統的人力及紙本作業；這讓先進醫資的黃兆聖看到了創業機會。

成熟的資通訊產業
形塑雲端服務趨勢

臺北醫學大學畢業的黃兆聖，念的是醫學資訊。他認為臺灣以製造業起家，資訊硬體產業實力雄厚，代工技術優良；醫材、衛材等醫療硬體公司發展也相當蓬勃。然而整體產業結構中，屬於資訊軟體類型的品牌較少，但臺灣在推動全民健保之後，已建立了完整的醫療資訊體系，這項技術至少領先國外3至5年，是許多國家借鏡的最佳範本，也是傲視全球的資本。因此他決定組成一支國際化的團隊進軍市場；雲端上的智慧醫療服務，成為先進醫資的創業主軸。

既然服務通路都在雲端，那麼公司是不是該設在醫療資源豐沛的地區，相對而言就不太重要了，於是他回到南部成立團隊，號召返鄉青年加入。團隊中，九成夥伴來自南部，平均年齡只有三十出頭。「我發現臺灣的年輕人很有創意，我們的教育體制又培育出很多資訊專才，我相信智慧醫療就是其中一個適合他們發揮的題目。」

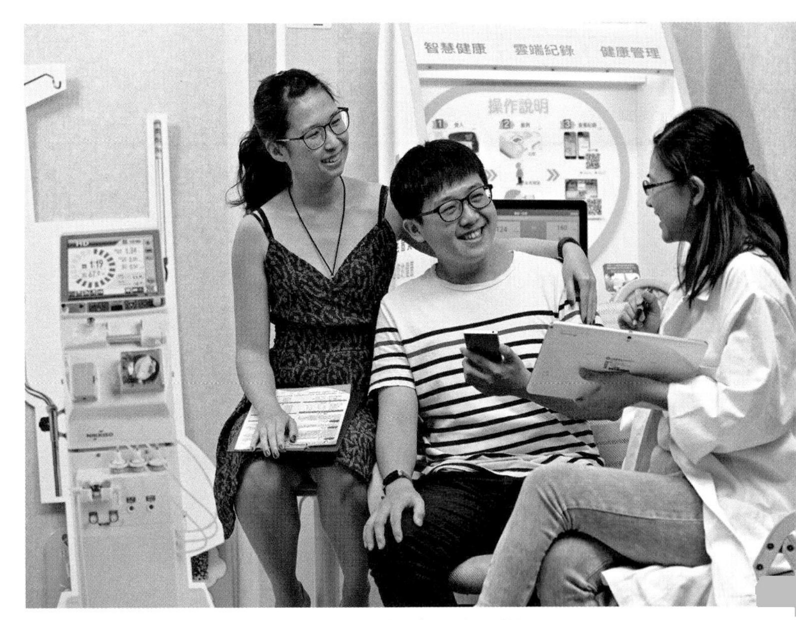

雲端醫療照護系統，將協助建立更好的醫病關係。

凡事終將過去，一切都是最佳安排。

在非洲 歷練智慧醫療輸出方法

黃兆聖對智慧醫療的信心，來自於學生時期參加多項創業競賽所獲得的肯定。參加U-start創新創業計畫，讓2009年、大學剛畢業的他取得創業啟動資金；然而新創團隊小、實戰經驗少，如何找到一個落實智慧醫療創業計畫的實戰場域，是黃兆聖面臨的大難題。

恰巧當年臺灣與非洲邦交國馬拉威斷交，所有援助人員陸續撤回，而放心不下當地病患的屏東基督教醫院醫療團隊，便以國際非政府組織（INGO）形式繼續在馬拉威服務，並號召臺灣專業人士加入。黃兆聖因此受邀前往馬拉威，以三年時間升級「健康資訊系統（Health Information System，簡稱HIS）」、投入電子病歷資訊系統開發，並且培訓當地資訊人員一同建立社區照護APP，方便醫護人員直接追蹤居民衛教狀況。這些經驗，成為他未來創業時，輸出智慧化醫療服務的重要Know-how。

從非洲回臺後，黃兆聖所接的系統開發計畫，量體加總起來已具備商業運轉規模；於是他向臺灣醫療機構與美國矽谷的天使資金集資150萬美金，成立先進醫資。「我們第一個開發建置的，是『雲端虛擬化醫療資訊系統』。」他指出，走進臺灣任何一家醫院，從門診醫囑、檢測數據、批價、掛號到領藥，病歷紀錄全程資訊化；醫院推動病歷紀錄資訊化的起因，在於必須以電子系統向中央健康保險局申報及請領款項，許多資訊軟硬廠商因此紛紛投入市場，直接帶動了臺灣醫療資訊軟體業的發展。

他笑稱，「因為有這樣的環境和體制，某種程度來説，先進醫資是在販售臺灣最強的資訊服務系統。」在先進醫資「雲端虛擬化醫療資訊系統」解決方案下，海外醫療院所如果想要導入，只須開設雲端帳號，選擇需要的模組便可

在社區居民時常活動的地點設置「享健康智慧照護站」，協助居民隨時注意自己的健康狀態。

（照片提供／先進醫資）

▍在非洲馬拉威建立智慧醫療系統的經驗，是黃兆聖重要的創業依據。

完成。如果一個大型醫療院所想單獨開發醫療資訊系統，必須借重20至30名資訊人員、耗資近3,000萬元臺幣方可完成，但使用先進醫資的解決方案，則可協助客戶將整體建置費用降至原預算的三分之一。

以智慧照顧方案 延續離院後的醫療關懷

「雲端虛擬化醫療資訊系統」解決方案，瞄準的是海外市場；另一項雲端服務：「享健康」智慧照護解決方案，則著眼在病患離開醫院後的照顧與關懷。黃兆聖分析，目前病患就醫後離開醫院，就和醫院沒有太多關聯性，然而在「全人照護」和「醫病共決」的趨勢之下，醫院的服務範圍將慢慢從院區走向社區，服務層面將會從現有的即時醫療就診，擴及就醫前的預防宣導，與就醫後的關懷追蹤。

「享健康」解決方案採用「共照雲」模式，結合智慧化的雲端資料庫，收納健康管理、訊息推播、遠距諮詢、測量紀錄等功能，使用者可以運用個人穿戴式設備（如智能手環）、健康照護家用設備（如血壓器、血氧器等）、或是享健康APP，將居家自我監測數據上傳至雲端平臺，方便醫療單位後續追蹤；醫療院所也可透過同一雲端服務，在人工智慧的輔助下，提供病患需要的照護資訊或是遠距關懷。

先進醫資目前在海外的合作單位遍布全球18個國家，其中在泰國、柬埔寨、馬來西亞等東南亞國家，用戶數超過100萬；光是泰國曼谷，就有12,000家醫院診所導入「雲端虛擬化醫療資訊系統」。Covid-19疫情爆發以來，先進醫資也提供許多防疫解決方案，協助泰國100多間醫院、3,000多位醫療人員防疫之用。

除了海外市場，「享健康」智慧照護解決方案在2021年，陸續運用在國內7個縣市、近80家醫院中。未來人們看病後，不止拿到一袋冷冰冰的治療藥物，院方更可透過「享健康」解決方案，藉由LINE的推播服務，在適當的時間點提醒病患應進行自主健康管理，或是留心藥物副作用，使醫病互動關係能延續到就診之後。病患自主健康管理量測數據如有異常，醫師也能即時關懷，或在下次回診時做為調整用藥的參考。

先進醫資重點發展歷程

- 2016年
  - 先進醫資股份有限公司成立
  - 投入醫療IoT市場，研發應用於「血透智能化解決方案」的LINKBOX終端智慧盒
- 2017年
  - 拓展馬來西亞、越南、泰國、吉爾吉斯等市場
  - 獲第十四屆國家新創獎-企業新創獎
- 2018年
  - 獲經濟部智慧城鄉生活應用補助計畫
  - 獲醫策會醫療管理服務整合性解決方案／產品模組選拔計畫案
- 2019年
  - 購置辦公室，成立亞太區研發及服務推動據點
  - 推出「享健康」系列產品
- 2020年
  - 「共照智慧健康服務生態平台」獲IDC第六屆亞太區智慧城市大獎—公共衛生及衛生服務類
  - 獲高雄市政府2020高雄典範企業—卓越創新領航獎
  - 獲第十七屆國家新創獎—創新防疫科技類企業創新獎

做對的事 自會留住好夥伴

這些亮麗成績的背後，是黃兆聖無數辛酸累積而成。「創業之後，我覺得每天都有挫折和挑戰，後來我漸漸明白：凡走過必留下痕跡。即使是挫折，也能留下很好的回憶和故事。」

而如何找到志同道合的夥伴、鞏固好的團隊，是他創業過程中最大的挑戰。他覺得經營先進醫資，如同經營一場表演；他努力讓舞臺上的聲光效果滿分，努力找觀眾進來欣賞團隊夥伴的演出。「我沒辦法控制每一個人的演出，但當我們一起站在舞臺上，就是一個團隊。」黃兆聖略帶沮喪地說。

兩年多前，主攻海外市場的「雲端虛擬化醫療資訊系統」小組成員大幅流動，導致這項專案在經營上元氣大傷。既是主攻海外市場，團隊

成員便必須具備國際化視野，快速適應不同的國家民情與不同的在地文化；「但不是每個人都像我一樣，去非洲也可以活得很好。」

對於夥伴們因為理念不同而離開，剛開始黃兆聖很難接受；但他也花了近十年摸索，才將公司的發展策略定調。於是團隊逐漸穩定，幾乎沒有人員流動，這也讓他體認到：當事情朝對的方向行進時，認同的人自然會留下來。

黃兆聖給未來創業家的面試題：你有國際視野嗎？

面試題檢測點：
臺灣很獨特，在臺灣可行的模式不見得能夠複製在其他國家。要具有國際化的思維和能力，能區分臺灣的專屬特質，以及進攻海外市場的不同里程碑。除了廣泛涉獵國際新聞，培養語言能力，如何適應其他國家的文化衝擊也很重要。

不忘助人初衷 創造善的價值

而過去在馬拉威服務的經驗中，黃兆聖發現，臺灣醫療團隊協助建立醫療資訊系統，並訓練在地居民自行維護，創造的效益不僅止於提供醫療服務；他們開設豆漿工廠並聘請愛滋病患工作，更提供不少就業機會。因此先進醫資每年將10%獲利運用在開發中國家，像是在吉爾吉斯成立「希望診所」，同時設立專門教授IT技術的「希望學堂」，在導入「雲端虛擬化醫療資訊系統」時，也教會在地人如何維護。

一群平均不到30歲的青年，正努力向世界證明臺灣智慧醫療服務的實力。

「我們所做的雲端系統研發成本很高，但服務一家客戶和服務100家客戶的成本差異不大。我希望那些沒有資源的開發中國家，也有機會導入數位化醫療照護。」他認為一個成功的商業模式，不是獲益多寡，而是影響力多大；這10%的獲利，將強化先進醫資的影響力，這股影響力最終將產生「善的價值」。

當世界和平，全球的經濟水準提升，人們便會追求更健康的生活。先進醫資在黃兆聖主導下，以智慧醫療為核心，建置易於導入的雲端資訊系統，期盼成為全球醫療院所最好的智慧醫療合作夥伴。無法當醫生的黃兆聖轉用科技力濟世救人，即便方式不同，但他始終不忘助人初衷，並將臺灣醫療實力，輸出國際。

點子行動科技｜鄭宇哲

利用行動裝置檢測 創造二手市場循環經濟

點子行動科技小檔案

代表人：鄭宇哲（左）
共同創辦人：李春億（右）
獲U-start創新創業計畫102年度補助

手機科技日新月異，品牌大廠每年推出新機，通路商更是抓準機會宣傳「舊機換新機」。對許多忠實粉絲而言，以最好的價格出脫舊機，等同在購買新機時節省了一筆開支；而舊機的殘餘價值，就得靠點子行動科技的「手機醫生」APP來檢測。

開發「手機醫生」APP的起源，來自於鄭宇哲的朋友為了測試想買的二手手機功能是否正常，於是用它打電話給鄭宇哲的一段經驗。當時鄭宇哲正在尋找適合的創業題目，沒用過智慧型手機的他，還在考慮要不要買時下主流機種；接到朋友的電話後，他開始思考：智慧型手機價格那麼高，在買的時候怎麼確定眼前的手機不是「機王」（註：不良品中的不良品）？

以大廠工作經歷為跳板
累積創業資本

這個念頭一起，加上當時沒有太多人研發「手機檢測服務」軟體，因此在日月光半導體服完3年研發替代役後，他沒有與日月光續約，而是專注研發「手機醫生」APP。半年之後，APP以付費使用方式上架；上架兩個月後就有上萬次的下載量，位居臺灣地區下載排行榜第一名超過兩周，同時月營收破百萬，成績斐然。

鄭宇哲在高中時就想創業，他笑說：「創業是為了不想讓人生太無聊。」於是在大學時期，他和朋友成立「點子工作室」，一起接關於網頁設計的案子。大學畢業後選擇服研發替代役，主要是因為擔任企業工程師，可以直接學習大公司的管理方式順便存錢；這些都是為了日後創業所做的準備。

科技業的工作並不輕鬆。退伍初期雖然全力投入APP研發，但不確定市場反應如何，又擔心自己把存款花光無以為繼，鄭宇哲於是報考中鋼，希望能找一份能兼顧創業研發的工作。「我那時給自己一個期限：到了30歲，如果還沒有做出一個名堂，那我就安心當個上班族。」誰知道中鋼考上後還沒報到，「手機醫生」APP瞬間爆紅；這股浪潮正式將鄭宇哲推上創業之路。

將「手機醫生」APP市場拓展到歐洲，就必須仰賴一群好夥伴。

累積3年　從B2B重回B2C市場

在第一版「手機醫生」APP的功能中，可檢測手機的觸控螢幕、音效系統、內部零件、感測器、無線系統等硬體，並能將手機電池及記憶體最佳化，讓使用者在數分鐘之內檢測出手機的狀態。創業初期，鄭宇哲將主要客群設定在一般付費消費者，但是收入並不穩定。深究之下，他發現付費APP最大的營收挑戰有兩個：第一，上架時需要經過系統商審核；若無法順利上架，花費在產品設計的時間與金錢等同白費。其次，科技領域隨時會出現競爭對手，今年到手的市場明年可能就易主了。

他坦白說，「碰到轉單的客戶，還可以想辦法搶回來，或是以其他策略尋找新商機；至於審核不通過的APP就只好放棄了。」而經營一般消費性市場時，往往需要投入大量的行銷資源進行宣傳，但剛創業的鄭宇哲負擔不起。為了公司能繼續營運，他一度跨足B2B市場；累積3年的實力和資金後，再把市場目標重新拉回到使用檢測的終端消費者。「可能是我們團隊的基因比較適合一般消費者，因為大家都很外向，而且『通路為王』。」

智慧型手機發展至今，款式雖然時常推陳出新，但系統與硬體更新幅度慢慢趨於平緩，再加上環保觀念盛行，帶動了熱絡的二手機市場，手機檢測APP就成了必要軟體。「手機醫生」在一年中測試超過500萬支手機；市場旺季時，平均一個

我想對剛創業的自己說：「可以再多冒險一點！」

月測試的手機高達200萬支，即使是市場淡季，平均一個月也檢測了50多萬支。

而經過這幾年調整，「手機醫生」除了檢測手機系統性能，也將檢測功能擴展到硬體外觀。消費者可以利用另一支手機為準備購買的二手機拍照，再將照片回傳到APP之後，系統再依據照片的外觀狀況進行分級。

調整商業模式 為二手市場品質把關

最近一年「手機醫生」上線的新功能，則是提供回收通路建議。雖然消費者可以在網路上搜尋到該款二手機的最高回收價格，但這個價格並不是每家通路商的回收公定價；不同的機況會有不同的通路喜歡。例如機況完美的二手機交給神腦國際回收，價格可能是所有通路中最高的；但若有輕微故障，或許品牌門市所出的回收價會比其他通路更好。「我們會依據檢測的機況，提供該手機在全球40個通路的回收價格，讓消費者擁有最佳回收通路建議。」

不只一般消費者，全臺灣約9成的大型回收通路，無論是新機購買時的檢測、還是回收手機的估價檢測，甚至是業者回收後的處理，都會使用點子行動科技的服務。看準這股龐大商機，點子行動科技也將跨足通路市場，舉凡是想出售二手機的個人或是手機回收廠商，在檢測自己的二手機後，都可以利用「手機醫生」平臺進行銷售；「二手機出貨之前，必須通過我們的檢測規範，由我們為品質把關。」

在此運作機制下，鄭宇哲認為跨足二手機銷售平臺，除了可以收取單純的檢測費，或是向通路廠商收取廣告費，待銷售的二手機還可收取

提供「最佳回收通路建議」，為「手機醫生」APP創造更大的市場價值。

認證費。此外，「手機醫生」APP日後更可將筆記型電腦、平板電腦、智慧手錶等接續問世的行動裝置，納入檢測及回收範圍。但這些商業模式必須建構在APP被廣泛使用的基礎上，因此「手機醫生」APP已從原來的付費機制轉為免費使用，就是希望能先提高市場覆蓋率，為未來的商業營收打下根基。

點子行動科技重點發展歷程

- 2013年
  - 創業團隊組成
  - 產品「手機醫生」APP獲臺灣Apple Store總榜第一
- 2014年
  - 點子行動科技股份有限公司成立
- 2015年
  - 獲經濟部工業局數位內容產業發展補助計畫
- 2016年
  - 獲行政院國家發展基金創業天使計畫補助
  - 獲經濟部科技研究發展專案小型企業創新研發計畫補助
- 2017年
  - 獲鴻海集團富士康採用檢測系統
  - 持續通過ISO2700資安認證
- 2018年
  - 獲高雄市政府地方產業創新研發推動計畫補助
- 2019年
  - 發展「Sogigo比價買賣平台」與新產品「筆電醫生」APP
- 2020年
  - 新產品「行動裝置線上外觀檢測分級系統」
  - 通過ADISA資產處置與信息安全認證
  - 通過MAS行動應用APP基本資安檢測認證
- 2021年
  - 新產品「手錶醫生」APP
  - 「手機醫生」APP下載量突破680萬次
  - 系統客戶涵蓋臺灣五大電信商、各手機保險公司及臺灣電商回收各大通路

二手產品再利用　是商機也是公益

近年來，點子行動科技開始建立公司形象。長期觀察二手手機交易市場，鄭宇哲分析，「手機回收除了減少資源浪費，就環保的角度來看，也是很大的商機。以蘋果手機為例，正常的情況下，一支手機可使用5至7年。使用年限長，再利用率當然會提高，假如一個人平均使用2年，這支蘋果手機就可以再轉手兩次。」。

手機的再使用率提升，可以避免手機淪為使用短期限的消費品，如此一來不但減少了3C垃圾，也會讓新機產量因換機時間拉長而調降，進而減少手機在製造過程中所產生的污染。「購買二手機可以省錢，也不是落後國家才有的現象。所有二手產品的再利用，對環境都是一種貢獻。」鄭宇哲如是說。

因此，點子行動科技今年開始提撥收入來種樹；只要在「手機醫生」平臺回收一支二手機，點子行動科技就種一棵樹。消費者如果願意付費，響應點子行動科技的種樹計畫，則可放大公益價值，讓手機回收成為具體的減碳行動。

由最初2、3人的小公司到現在員工超過40名，鄭宇哲認為公司體質日趨穩健，但身處變化萬千的科技產業，若不隨時更新能力，恐怕隨時會被他人取代。這些年來自外部的投資與商業策略的建議，是點子行動科技能日漸茁壯的重要關鍵。

鄭宇哲給未來創業家的面試題：你有賺錢的企圖心嗎？

面試題檢測點：
創業者的人格特質要有對錢的渴望，這是一種人生成就的滿足，也是所有商業的立基點；再加上聰明的思考、彈性與毅力，就是最佳組合。

逐步實現計畫 邁向新未來

「手機醫生」APP推出至今不重複下載次數達680萬，稱霸近60個國家工具類APP市場，「但比起很多手機遊戲上億次下載量，我們只是緩步成長。」鄭宇哲認為「手機醫生」確實滿足了當初看到的市場需求，自己這些年確實是照著當時參加U-start創新創業計畫時，所寫的計畫內容執行；不僅全部實現，營運狀況甚至比預期更好。

「手機醫生」APP不止檢測手機，還可以檢測許多行動裝置。

已經朝向歐洲市場發展的鄭宇哲現在回頭看，認為自己犯的錯應該不算太多。「或許有人認為我募資不夠大膽、擴張速度偏慢，但其實很難評論。至少我的管理經驗趕上公司現在的規模。」對於未來，他有著高度期待：「我希望全世界的二手機都可以使用我們的系統。當我們掌握更多消費者使用資訊，一旦市場有需求，就可以及時詢問擁有者是否有釋出的意願，這樣未來能做的事就更多了！」

資訊，是科技公司未來財富與力量的來源；而這片二手機市場的新藍海，鄭宇哲穩穩掌握住了。

搭建連結入口
以數據發掘更多可能性

透視數據小檔案

代表人：魏取向

共同創辦人：吳振和

獲U-start創新創業計畫105年度補助

「我覺得，問題有時候是被創造的，我們可能是問題的創造者而非解決者；」魏取向靦腆的笑著，深怕這句話扭曲了原意，「我們一直跟著使用者學習，什麼才是真正的需求？而需求往往隨著社群和使用者習慣改變。」

要掌握市場先機，在這個科技化時代，擁有數據只是基本條件，能找出數據背後隱藏的使用者習性與偏好並加以運用，絕對是行銷利器。創業多年來，透視數據正一步步朝此方向邁進。

大學時代的魏取向，自認信心不足，念資管似乎畢業就是工程師出路，於是努力累積自己在程式開發上的能力。大四時，進微軟當實習生，擔任技術專員助理，跟著業務一起拜訪客戶介紹產品；若遇上客戶詢問技術面的問題，就由他解釋；後續帶回客戶需求，進行客製化的程式開發。

PicSee短網址服務可以提供具有企業識別度的短網址服務。

不願頂著企業名牌光環 創業理想萌發

「我在寫程式時，突然有種感覺，自己好像是在公司的光環下，做公司要求的事，似乎誰來做都一樣，摘除微軟的光環後，自己好像什麼也不是。」魏取向開始有了野心，心想既然都是工程師，工作一樣累，為自己的夢想而累，卻更有自主性，於是有了創業的念頭。

考上研究所，在迎新茶會上，魏取向和當時還不認識的同學吳振和在自我介紹時分別表明想創業，會後兩人相互交流，決定一起組隊。雖然不確定要做什麼，他們總會微調課程的程式專案，為自己奠定更深厚的實力。

2011年，數位手機興起帶來APP的出現，他們跟上潮流寫了個找餐廳的APP；隔年上線後，一個月下載量達30萬，但因為畢業後必須服兵

我想對剛創業的自己說：

「不要憂心，這條路能走下去！」

役而無法持續維護系統。退伍後，他們再重新檢視原來創作的APP，發現由於美食餐廳汰換率高，修正APP功能與資訊不但費時、費力，另外還有一個最大的問題在於「無法找到商業模式」。不過，在經營APP行銷的過程，他們發現臉書社群行銷的重要。

美食要誘人，必須搭配精美圖片。當時他們的美食資訊來自於PTT的美食版，有充足的文字資訊，但沒有相應的圖片，於是他們又開發新工具，讓網友們在PTT分享資訊時，同時能分享自己喜歡的圖片。這個程式原本是為了滿足自己的需求而開發，卻同時滿足了當時正在轉型的網紅。因為在2014年左右，從YouTube分享到臉書的圖片選擇，是臉書的演算法決定，使用者無法自行更換更具吸引力的內容；這個市場缺口，讓魏取向找到創業的切入點。

獲知名網紅青睞 流量與知名度大增

透視數據的PicSee短網址服務在2016年正式上線，使用者可以針對自己分享到Facebook、Twitter的圖片或影片，客製化自己想要的畫面呈現。上線後，很快吸引蔡阿嘎、這群人等知名網紅使用，透視數據後台的流量因此快速增加，也吸引到投資人注意，進而獲得資金挹

從入口網頁（圖左）登入後臺（圖右），可以有效追蹤數據，掌握行銷成效。

「SocialVIP」具有讓網路創作者集中管理所有作品流量與數據的功能。

注。在這個數位時代，每一筆點擊都是資產，因此創業初期，透視數據當然以衝流量為主；等到使用者習慣養成後，透視數據便開發出付費版服務，增加追蹤設定、點擊成效等數據功能；使用者結構也從網路創作者，拓展至企業用戶。

針對多半身兼數職、收入不豐的網路創作者，透視數據透過「SocialVIP」服務，提供創作者單一短網址，希望運用「社群平台一次收納」的概念，讓創作者可以集中管理所有作品的流量與數據，讓使用者可以在同一個短網址中依自己的喜好或需求，快速切換不同的社群平台。同時運用與創作者廣告分潤模式，共享流量帶來的廣告收入，讓透視數據與創作者的關係更緊密。

針對企業用戶，則是提供具有企業識別度的短網址服務。從知名電商平台蝦皮升級到付費版，到國內金控公司陸續使用，尤其Google於2018年終止短網址服務後，透視數據的市場機會變得更大。

魏取向分析，企業使用短網址有三個主因。第一是美化行銷版面，特別是發送簡訊，網址過長費用高，消費者無法注意重點。二是短網址也需要企業辨識度，保留官網的感覺。三是數據的追蹤，所有的行銷都要回歸成效，網站雖然可以追蹤，但卻難掌握來源的媒介，在不同的來源給予不同的短網址就可以區別，客戶也能了解點擊率，調整未來的行銷配比。

惡意使用者連累短網址 獲利模式更偏企業

沒有創業，真不知道網路上有許多「壞人」，和數不勝數的惡意釣魚詐騙連結！魏取向苦笑說：「我們算是長知識。」因為有了外部資金挹注，透視數據自然開始提高流量，也因此許多利用網路釣魚的「壞人」使用PicSee的短網址進行網路詐騙或散播色情連結，導致Google

瀏覽器曾一度顯示PicSee所產生的短網址是惡意網站而被阻擋，使用者因此流失。

幸而品牌專屬短網址服務已推出，品牌客戶沒有因此流失，保住了公司主要獲利來源；團隊也花了半年時間，才研究出擋掉惡意連結的方法。「那時我們很受傷，一直在解決公司生存的問題，甚至考慮全部轉向B2B。」這次生存搏鬥，是魏取向決定將經營模式作偏向B2B的重要轉折。

透視數據重點發展歷程

2015年	團隊成立
2016年	獲FITI第一梯次前十名
	透視數據有限公司成立
2017年	獲TIEC補助，赴矽谷參與加速器培訓
	獲臺灣、美國VC天使輪投資
	獲臺北市產發局最高額100萬元臺幣創業補助
2018年	PicSee企業版服務上線
2020年	獲國發基金、Hive Pre-A輪共同投資100萬美元
	SocialVIP上線

魏取向的下一步，是將透視數據打造成以數據為核心的公司。

為客戶運用數據 創造需求

潮流不斷改變，最初想解決的需求缺口，現在已不一定是問題，魏取向認為以使用者的角度去看待自己的服務內容，再發掘更多使用上需求，才有機會創造價值。「正如公司名字『透視數據』，我們很在意數據所代表的意義是什麼，數據才是我們真正立足、難被超越的利基點。」

魏取向笑著解釋，透視數據是在「創造需求」，而非解決客戶心裡所想。「我們收集資料後，可以提供客戶很多數據，例如粉絲的輪廓、點擊者的輪廓、點擊後的瀏覽內容等」，這些數據匯整成報告時的加值服務，就是透視數據的技術門檻。他自豪地表示，就算市場上有同樣功能的服務，但欠缺後台資料分析，也無法提出這些洞察資訊，這就是創造需求。也許客戶一開始沒有意識到這些需求，但在分析這些數據後，客戶可能因為透視數據的服務，而找到下一個市場滿足點。

魏取向接著以前面提到過的「SocialVIP」服務為例。這項服務主要是放在IG的介紹欄位。當年輕使用者將社群經營重心轉向IG，創作者的展現舞台當然也隨之移轉，但IG每則PO文卻只能擺放一個導外平台連結；而SocialVIP的平台收納功能，就是基於創作者在IG環境下的需求而生，讓粉絲有更多認識創作者的機會。

「這個技術國外也有，我們比較特別的地方是與創作者的關係比較緊密，在推廣初期就能走得比較快。」此外，透視數據還做了像是頁面自動更新最新影片等具競爭力的功能，這項功能省去創作者抽換連結的困擾，很受Podcast創作者歡迎。而網路創作者又可以利用後台的數據技術，了解點擊者又看了哪些頁面，掌握各社群平台的即時流量；相對的，也提高了業界的服務門檻。

由使用者的提問 找出更多研發利基

那麼，要怎麼以使用者角度找出需求？很簡單，直接問！透視數據相當重視客服，回覆問題只是基本工作，「有時客戶只問我們一個問題，而我們很可能回問他三個問題。」魏取向解釋，新創需要面對市場做很多訪談，形式並非只有一種，藉著與客戶的加強互動，進一步了解「問題背後的問題」，思考他們可能的期待，才能知道自己還能做什麼，才能發現更多市場利基點。

就一個短網址產品而言，透視數據目前已經站穩腳步，但魏取向並不滿於現狀。他的下一步，是將透視數據打造為一個以數據為核心的公司，協助企業客戶將他們自行產生的數據，回歸企業所屬的資料庫；客戶可以自己管理，也能利用透視數據提供的洞察報告進行商業決策，甚至找出與企業網站使用者關聯性高的網紅，提高業配效益。對於未來，魏取向將帶領公司不斷創新，做出獨到的、可以被全世界使用的方案；即使研發過程沒有收入，但他們絕不會放棄！

魏取向給未來創業家的面試題：你的團隊互信力足夠嗎？

面試題檢測點：

團隊有共同創辦人，代表創業家擁有與他人合作的能力，但分工、默契、甚至是持股都要開誠布公談妥，共同創辦人的關係必須很穩固，這是團隊的基石。只要共同創辦人有能力、有共識，都能找到生存契機；但若共同創辦人彼此共識不足、互信不足，將會直接影響公司的發展。

派趣行動｜趙友聖

以人為本 藉溝通推進科技之力

派趣行動小檔案

代表人：趙友聖（右）

獲U-start創新創業計畫101年度補助

早在Uber出現之前，府城臺南已經有一套計程車叫車系統，消費者可以透過APP或社區管理室叫車，對許多上了年紀的長輩來說，打開手機，語音錄下所在地和目的地，像是「海邊路石頭廟前的大樹」這種GPS找不到的地點，都可以順利等到計程車。

這套當時在消費者端大受好評的叫車服務系統，由趙友聖與夥伴共同開發。他們在學生時期已成立工作室，協助老師接案，也知道U-start的補助計畫；趙友聖畢業後進入Skype工作，最後還是決定創業。為了獲得補助，他們提早半年開始準備，果然為創業爭取到第一筆資源。

不熟悉市場 叫好不叫座

派趣行動花費許多資源和時間，完成EzTaxi A+ Taxi點對點叫車APP，開始向各車行推廣才發現，車行完全無法負擔如此高昂的開發費用，市場並不如他們的預期。「這個服務必須耗費大量的技術人力和資金，還要搭配行銷活動和司機評選。當時臺灣大多數的計程車行不是以精進服務吸引消費者叫車，而是併吞別人的車隊讓分母變少。」這和趙友聖的思維不同。

在與車行溝通的過程中，趙友聖認為大多數的車行老闆很友善，甚至帶他們參加聚會場合，讓他逐漸了解計程車運輸服務產業只是低資金的服務業，並不富裕，僅處於資訊領域的邊緣。車行的喊價與自己的估價常有很大落差。理解車行的運作後不難明白，置身資訊圈的學生與實際市場還是有段落差。

而在使用者端，獲得的好評讓派趣行動很受鼓舞。「最初設計時，我們知道在臺南叫車大多以長輩為主，於是我們做了語音叫車，除了免不了第一次的文字登錄註冊，之後就可按鍵語音錄製搭車點。」

以叫車APP起家，派趣行動逐步將版圖拓展至軟硬體整合領域。

派趣的技術力與效率，來自同事彼此的默契與專業能力的支援。

約束不易添負評 叫車軟體暫停收場

除了APP，派趣行動還開發社區叫車，專線電話每通叫車回饋5至10元臺幣給管委會，或是利用放置管理室的平板叫車讓住戶自行操作。只不過，專線電信費高，平板則需要Wi-Fi，3G年代的網速流量較不穩定；而造成叫車系統暫停運作的最大問題，最終還是因為「人」。

「這個平台最仰賴的是司機的個人服務，卻連車行也無法有效約束司機；乘客一旦遇到不好的司機留下負評，車行唯一的方法只有停止該司機的排班，卻因車行的收入來自於司機，停班的處罰不會太久而難以嚇阻。」積習難改的司機，不斷讓使用者在系統中留下負評；無法改善這個情形的派趣行動，只好暫停這套服務。

產品無法與市場結合下，若因資金燒盡而創業失敗，對趙友聖來說影響不大，因為以自己的能力總會找到工作；但先前為了成立公司而聘請的會計，卻將因而失業。幾經思考，他決定將公司營運轉向一般資通訊產業發展，由設計網站等軟體服務做起。

打下好基礎 轉戰資通訊業

因為專注在叫車系統上，剛轉型的派趣行動沒有作品供客戶參考，幸而在成大育成中心協助

「我想對剛創業的自己說：吃得苦中苦，方為人上人。」

下，由最初一件5萬元臺幣的設計案開始逐步累積，一年後終於讓公司開始獲利。

叫車系統看似簡單，但其中的技術成分很高。派趣行動不計成本的執行，結果雖然以終止服務收場，卻為技術面立下優質基礎，公司轉戰資通訊產業顯得輕鬆容易。計程車產業無法負擔的費用，對於其他已投入資訊領域的產業來說，接受度相對較高；這讓派趣行動的資金慢慢充裕起來。趙友聖說，一樣的技術和人力，在不同市場有著不同的價值。

最初創業的產品看似失敗，但過程中的體驗與經歷若能有所累積，才見可貴。幾年下來，派趣行動的業務以軟體工程為主，除了網頁和APP，還有企業內部系統工作，包含軟體開發、企業的資訊、管理、倉儲、電商等系統，甚至是手機控制的網路整合；近期也投入台糖的家畜智慧養殖系統。

聆聽與理解　溝通無礙

接觸商業客戶至今，派趣行動獲利穩定，於是購置營運商辦；20多名員工的公司運作自如。趙友聖每日仍與同仁一樣的時間上下班，他認為公司的穩定仰賴持續的努力。這些年，至少六家企業看中派趣行動的技術和效率，向趙友聖提出併購或投資，但他沒有點頭。

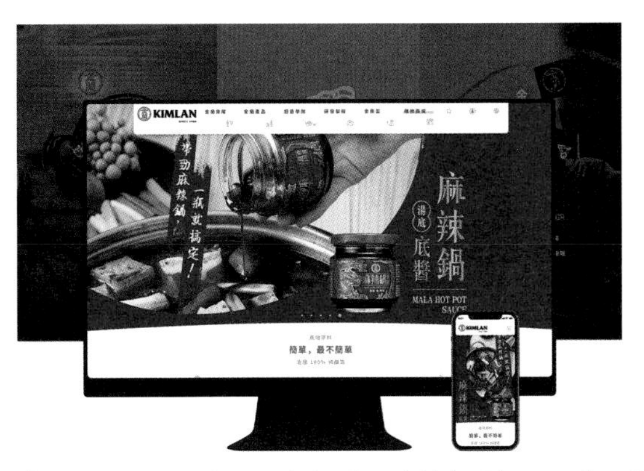

以叫車APP起家，派趣行動逐步將版圖拓展至軟硬體整合領域。

「我們的技術力很好，效率則來自同事彼此的默契與專業能力的支援，這是我長時間在做的事。」基於Skype分工細緻的工作經驗，趙友聖雖沒有機會學到較宏觀的規劃、執行等作業全貌，但他學到一生受用的處世態度：尊重他人發言、聽懂並認真了解他人發言的內容。

「在組織中，很多事並非像自己先入為主的觀念一樣，每件事有情境和條件上的不同，如果不能耐心聽懂別人的發言，自己便無法了解對方真正的問題是什麼。」這是趙友聖當時在Skype工作時學到的重要態度；當自己的公司成立後，他便用同樣的態度，對待每一位與他溝通的夥伴。有時對方說到一半，趙友聖就知道對方想說的重點是什麼，但他仍耐心地讓對方把話說完，因為他要傳達給對方的，是他有聽懂對方說什麼；不僅是聽到，還有認同。這是組織溝通中非常重要的關鍵。

派趣行動重點發展歷程

2007年	團隊成立
2011年	派趣行動整合科技股份有限公司成立
2012年	獲國立成功大學全國創業競賽冠軍團隊
2013年	獲經濟部中央級SIIR服務業創新研發計畫
2014年	獲教育部推薦參與2014經貿國是會議代表
2016年	資訊系統商品年營業額突破 3 千萬臺幣以上
2020年	購入第一間企業營運總部

派趣行動以厚實的資通訊實力，協助許多企業建置軟體系統。

樂在工作 打造幸福企業

基於趙友聖對溝通品質與態度的要求，同事之間相處融洽，工作效率大為提高。而他並不強調業績排名；同仁能在公司開心過一天，才是他最大的追求。他認為，每個人的職涯佔據人生清醒時間的三分之二，「如果工作很快樂，我覺得就不枉此生，這是我正在做而且已經做到，並且還想繼續做下去的事。」

因此對於併購，趙友聖的思考點並不在獲利數字，而在於同仁感受。他認為「人」才是資訊產業的重心，人不比機器，增加人力可能要花更長的溝通時間，人力越多邊際效益越低，因為人需要良性溝通才能做事。然而多數的投資公司認為挹注資金就能發展得更快，這樣反而會加速同仁的滅亡。對於只有自己和股東賺飽口袋，卻讓員工離職、新業主不開心，這不是趙友聖樂見的場景。

趙友聖認為，公司始終很平順，派趣行動沒有一個案子半途而廢，也沒有呆帳問題；最大的困難，應該就是負責設計的股東轉戰投資市場而退出公司。他的離開，讓派趣行動的設計力不及原有水準約半年時間，幸好重新應徵美感相近的設計師，很快解決難題。

公益提案 讓工作等於社會服務

接下台糖公司智慧養殖專案後，趙友聖發現，雖然智慧養殖軟體可以滿足整個場域內的溫度、光源感控、風扇調配，餵飼時間與數量等條件，但軟體所控制的硬體設備必須能夠相容，才能建構真正的智慧養殖場，真正滿足客戶的需求。在這個案子的「磨鍊」之下，派趣行動從既有的軟體系統建置實力中，增生出硬體設備的規劃執行能力，讓公司整體業務向外擴展，創造更多機會。

而派趣行動官網上，簡短的公司介紹下方有一段「公益提案」說明文案，希望能以「科技」為貧困以及弱勢團體改善現況。問起趙友聖為什麼想在官網上呈現這個想法，他解釋道：「資訊系統的開發費用不便宜，系統開發公司至少配備執行人力三至四人；需耗時一至兩個月才能完成；這樣配置下的報價從20萬元臺幣起跳，是多數社福機構難以負荷的費用。」因此他希望藉由「公益提案」，為社福團體提供免費的支持。

趙友聖給未來創業家的面試題：
你有沒有翹過課？因此被當嗎？

面試題檢測點：
國高中時期的翹課，代表對自己的人生態度；因為翹課而荒廢學業，就是沒把本業做好。商場生意起伏是常態，但領導人的心態最重要。你過去有沒有對自己的人生負責呢？能負責，才是領導人創業能力的關鍵。

對趙友聖而言，賺錢並不是公司經營的唯一考量，有時候是企業主想透過商業營運，逐步實現自己的理念。在他的想法中，公益提案是人們站在服務社會的角度上，本來就會做的事，就像撿拾路邊的垃圾一樣簡單；同仁們也知道自己的工作如同另一種服務社會的方式。同樣看待事務的標準下，派趣行動對於許多新創公司的投資，都不是以眼前的獲利為衡量，而是以長遠的視野，投資未來的人脈和關係。

「我的股東都是文人。當年我同學告訴我，他會全力支持我開公司，但有一個條件：他晚上要能睡得安穩。我原本以為他有睡眠障礙，後來才知道他希望我正正當當的做生意。」永遠把「人」放在首位的趙友聖，每天問自己：有沒有把工作做好？自己有沒有成長？持續努力過好每一天，對他來說就是人生最好的收穫。

獵戶科技｜柯承佑

用獨立思考判斷力 啟步創業之路

獵戶科技小檔案

代表人：柯承佑（中立者）
獲U-start創新創業計畫108年度補助

在百貨公司或賣場中，消費者會在哪一個貨架前停留時間較久？透過AI人工智慧、大數據等新技術導入，許多通路經營者已經能從這套智慧零售的技術中，逐漸累積出足夠的消費者觀察資料，建立一些貨架陳列及銷售的參考指標。

那麼，能不能把類似的技術運用在大型工廠或辦公室裡呢？

當時利用學業空窗期，到和碩科技中國廠區工作的柯承佑，因為有時想找同事或主管問一些關鍵決定，卻不知對方在這個大工廠的哪個地方，於是開始思考這個問題。

獵戶科技團隊在提案前進行沙盤討論。

帶著工作經驗回校園 找出創業機會

柯承佑的就學與創業軌跡很有趣。大學就讀於臺灣科技大學工業管理系；混了四年讀到「大五」，柯承佑心想，如果讓家裡知道延畢這件事，應該會引來不小風波，倒不如把這一年當作考研究所的準備時間。臺灣科技大學電子工程系碩士班，但是備取的名次較後面；當他已經在和碩科技工作、距離開學只剩兩三天，學校才通知他備取成功。這個錄取通知，開啟他運用所學，進而創業的故事。

基於之前在和碩工作的經驗，柯承佑發現大型廠辦在人員管理上，似乎有些需求存在。像是：員工的工作動線是什麼？現在哪位主管在什麼位置？員工在哪一道流程中花的時間最多？這些員工定位的資訊，是企業極佳的管理數據。那麼，要用哪些技術，可以讓企業不用安裝太多硬體，又能完成資料蒐集？柯承佑與三位好同學一起研究，認為慣性定位演算法與無線訊號演算法結合的軟體技術，是能滿足企業需求的解決方案。

不同於市場上必須安裝iBeacon、UWB等訊號對應設備才能室內定位，慣性定位演算法與無

我想對剛創業的自己說：「快去找你的房東介紹人脈！」

線訊號演算法結合的軟體技術，讓使用者只需要利用穿戴式或行動裝置內建的感測器，即可完成室內定位。對於許多大型廠辦來說，可以大幅降低購買、安裝、維護，與報廢大量設備的成本，同時兼具環保與高效能。

趕上學生創業風潮，2018年，柯承佑與同學們組成創業團隊，由臺灣科技大學育成中心輔導，希望將這套技術實際運用在智慧工廠的管理技術與市場上。2019年獵戶科技正式成立，2020年開始營運；目前以石化業、半導體產業為主要市場。

不斷摸索碰撞 累積創業學分

對於一間兩歲的新創公司來說，籌措營業資金與拓展市場，是打好經營體質的兩大工程。柯承佑在這兩大工程中，上了不少學校沒有教的課。

曾經在一次爭取創投基金支持的評選會議中，獵戶科技被評為「財報不理想」、「公司治理待加強」。關於這一點，當時的柯承佑十分納悶，心想：「新創公司在起步的時候，財報一定不好看啊！」況且，經營團隊雖由四位理工生組成，缺少財務管理專業，但透過資誠創業成長加速器的協助，獵戶科技已逐步建立公司治理制度。因此柯承佑難免對該基金「扶持新創」的宗旨感到疑惑。

此外，不同於許多新創公司以B2C一般消費市場為主，獵戶科技走的是B2B市場，以企業為客戶；企業規模愈大，溝通的環節就愈多；會議多，議而不決的狀況更多。若以經

▎柯承佑將眼光望向國外運輸業、礦業等市場，希望開創更多商機。

營規格角度來看，獵戶科技在許多大型企業眼中就是隻小蝦米，不只要以「強科技」說服對方、化解質疑、爭取合作，能不能從中得到對方所說的「資源互惠」，並不是獵戶科技說了算；有時甚至會面臨合作不成、但提案內容被轉用的狀況。

關鍵人脈 原來就在身邊

「所以我覺得找到願意引介的『關鍵人脈』很重要。」柯承佑笑著說，這是他兩年創業之路中最大的心得。畢竟經營企業客戶，需要知道企業文化、所屬產業的特性，或者需要直擊關鍵決策者；有時甚至還需要觀察政策方向，找到市場機會。在公司起步階段若能有關鍵人脈引路，減少摸索時間，無異是在原有的技術強項之上，增加推升助力。

經過一年磕磕碰碰，柯承佑輾轉發現：自己的房東就是最重要的貴人！房東貴人的出現，讓柯承佑少走了許多冤枉路；而務實的經營態度、所展現的新創能力，加上逐漸累積出的口碑，也讓獵戶科技接觸到許多有投資意願的天使。

接下來，獵戶科技發展的契機在哪裡？「我覺得是企業對於數據的需求，越來越講求『多樣化』跟『關聯性』。」柯承佑回答。

多樣化與關聯性 未來營運契機

數據多樣化，指的是將人員移動的多樣軌跡記錄下來，建立具有參考價值的數據資料庫。舉例來說，一間工廠中，員工不停穿梭在製造流程的各個站點。甲員工在A點花多久時間作業才能接到B點？乙員工是否已順利進入接下來的站點？管理人員丙現在巡視到哪裡了？

當這些多樣數據逐漸累積成資料庫，企業便能夠針對動線流程是否順暢、每一個站點是否工時均衡等作業面進行適當調整，也能隨時找到負責的管理人員。這些數據與現場員工、管理方針，因此建立關聯性。

如果將這套系統放在消費性場合，例如採取會員制的大型遊樂場或是健身產業，則可以從會員的移動軌跡、停留時間、使用點數等累積數據中，進行會員的消費者分析，判斷哪些遊樂器材或是健身項目最受歡迎，甚至對會員的消費性格進行一些模擬，勾勒出消費者的樣貌與類型。未來店家有新遊戲、新器材引入時，就可以針對已有的分析資料來規劃行銷方案。

三個原則　找出值得信任的合作夥伴

現年28歲，仍然走在創業的道路上，柯承佑這

獵戶科技重點發展歷程

2018	創業團隊組成
2019	取得教育部U-Start補助計畫並設立獵戶科技股份有限公司
2020	募得天使輪600萬新台幣投資
2020	取得電信商合作協議
2021	取得日系大廠合作協議
2021	取得國際ICT大廠合作協議
2021	取得工業自動化大廠合作協議

以醫院護理站為例，獵戶科技的室內定位系統，可以協助護理長掌握護理師巡到哪一間病房，並知道行動護理車或測量儀器所在位置。

兩年間接觸過許多合作單位或是異業結盟的協力夥伴。怎麼判斷這個合作對象值得信任？他提出三個判斷原則 ，供未來創業家參考：

第一：合作時願不願意簽署具有法律效力的文件。只要敢簽署，代表對方有承受法律責任的態度與能力。這樣的合作對象比較不容易有風險。

第二：對方說的話前後會不會相互矛盾？

第三：最好在合作一開始就先肉搜對方，了解對方的過去。

「我從小就被騙啊，像以前唸書時相信學生會的競選承諾，到現在也常常遇到『假比案之

名，行偷點子之實』，或是拗我們免費服務的，都有啊！」柯承佑很坦率地分享自己的遭遇，覺得自己以前太單純，進入「社會大學」之後，才逐步修習創業學分。

不依附企業權威
全面評估優勢與風險

這四個判斷原則，剛好也是柯承佑檢測身為一個創業者，有沒有獨立思考判斷力的指標。

「『獨立思考判斷力』是非常重要的生存方式。」柯承佑認為，在創業的過程中，一定會遇上規模比自己公司大很多倍的合作單位，如果因為對方規模大就盲目地相信對方，或是害

柯承佑給未來創業家的面試題：你相信政府嗎？

面試題檢測點：
政府是一個可以獲得最全面資訊，也是最直接的權威者。這個面試題主要是測驗未來的創業家，能不能從這些資訊中，運用柯承佑提到的四個原則進行判斷，建立獨立思考的能力。

怕對方的「企業權威」而不敢據理力爭，這種「依附」態度，很可能帶來營運危機。透過這幾個原則去檢視，才能有效評估這個合作對象的全面性，而不只是單方面看見對方的優勢，忘了合作時可能會有的風險，「這是知己知彼。」柯承佑這麼說。

在古代航海時期，迷失在茫茫大海中、找不到方向的時候，獵戶座是所有航海人找到定位、判別方向的重要指標。將公司命名為「獵戶科技」，隱喻室內定位技術協助企業，提供人員定位的服務，是經營團隊共同的願望。若將眼光放遠，運輸業、礦業等海外市場，是柯承佑研究的新方向。對於未來，他有著無限期待。

擎壤科技｜陳恆燈

看見市場缺口 順勢翻轉新農業

擎壤科技小檔案

代表人：陳恆燈

獲U-start創新創業計畫106年度補助

關於無人機，如果你對它的印象還停留在空拍、攝影，那就太小看它了。隨著航太、通訊等科技的進步，無人機機型越來越小，機動性越來越高，除了攝影之外，它還能救災空投物資、測量山川地型。近年來，在農村人口高齡化、青農返鄉的趨勢下，無人機更成了農業轉型的重要推手。

擎壤科技正好搭上這波風潮，以農用無人機（又稱植保機）進入智慧化農業市場；創辦人陳恆燈一直笑說自己運氣好，剛好補足市場需要「在地化服務」的缺口。

效能高用量少　省時省力又環保

「我們是用無人機噴灑農藥，來取代傳統的人工作業。」陳恆燈接著解釋，現在農村非常缺工，年輕的人力不願回鄉，因為回鄉務農辛苦又難致富；光是噴農藥這項日常農務，年邁的老農就得揹起重重的農藥桶，不停地來回走在田間噴灑農藥。而使用農用無人機，一方面可以讓農人減少接觸農藥的時間，維護農人的健康，另一方面是施灑速度比人工施灑快上20至30倍，但用藥量僅需人工施灑量的一半。

為什麼農用無人機可以擁有噴灑高效能，同時減少用藥量？因為農用無人機是以GPS衛星定位系統精準記錄噴灑軌跡，減少重覆施灑的機率；飛機上搭載的霧化噴頭設計，讓噴出的農藥顆粒更細緻、更易於被作物吸收；穩定的飛行高度與速度創造出的下沉氣流，能將藥液均勻地噴灑到作物上。這些科技上的運用，可以降低因為記憶有誤、腳步緩慢、手速不一致等人力施灑所產生的用藥不均與增加時間成本的問題，「這對整個環境是非常好的。」陳恆燈這麼說。

畢業於中興大學機械系、工作一年後考取成功大學航太系碩士班的陳恆燈，進入研究所便結合機械專業，主攻無人機領域。當時有位朋友

農用無人機將使智慧農業發展更往前一步。

擎壤科技專注於農用無人機領域， 落實在地化服務。

家裡擁有一片梅林，他就想著，或許可以用無人機噴農藥試試；這個單純的想法變成了一臺功能陽春的原型機，使用效果還不錯，於是他接著想「那不如我們來創業看看。」這個「試試看」的心情，讓陳恆燈走上創業之路。

水土不服方向不一 提前修滿拆夥學分

陳恆燈與三位同學和實驗室的專案經理一起組成新創團隊，開始爭取計畫補助款與各項資金挹注。一開始，他們認為不需要特別強調學經歷，事實上不然，「因為早期與資金方接觸時，他們投資的並不是你們的『事業』，大部分投資的是你們『這群人』。」

就這樣，爭取到創業需要的第一桶金後，擎壤科技正式成立。這五位工程背景的創辦人一腳踏入商業環境，有著諸多「水土不服」。「學工程的人常常覺得，我的產品比較好，客戶就會買；這是完全錯誤的觀念。」公司成立後主導業務開發的陳恆燈，實際接觸農村客戶、瞭解農業的產業文化後，發現每一個村、每一個鎮都是一個小圈圈，既傳統又保守，光是要打入這些圈子、了解產業特性以及客戶的需求，就需要花功夫好好研究，才能建立並扎根人脈。於是當市場需求與產品設計不同時，工程人「技術本位」的思維與業務端「市場導向」的策略產生碰撞，夥伴之間因此產生了歧見。

在經營上，創辦人之間對於跨足的領域也有不同的想法。除了一開始的農用無人機之外，舉

“我們就是把別人沒做好的做好了，業績自然就會來。”

凡無人機表演、工業檢測、競速無人機等領域，都是創業初始時創辦人們想發展的領域。然而這些領域都有它的專業技術與利益結構，陳恆燈認為，擎壤並不是一家上市櫃公司，沒有足夠的資金和研發人員同時進行這麼多開發項目。如此磨合、拉扯快兩年，眼看著營運衝突越來越大，五位創辦人最後決定拆夥，讓各自的想法都能實現；而擎壤這間公司，就專注在農用無人機領域的商業發展。

如何退場先設定 拆解營運未爆彈

一起共同創業的夥伴拆夥了，說不難過是騙人的；但這段對陳恆燈而言，雖是被迫成長的過程，更是創業中的重要學習。

公司創立初期，每一位共同創辦人都有話語權；為了讓公司更好，彼此的爭論在所難免。「如何與合夥人、平輩或是員工溝通，是一個創業家必須要學習與經歷的課程。」陳恆燈表示，走過這一遭不是件壞事，能夠體驗與一般上班族不同的職場環境，就是「創業」帶來的附加價值；如果一開始就明確定出領導者的角色，對一位創業家的長遠發展來說不見得好。

那麼，該怎麼預防共同創辦人之間因為歧異而導致的營運難題？陳恆燈從這段經驗中得到的心得是：有合夥就有拆夥，在公司設立前期，先把「退場機制」定好。「畢竟公司是一個商業組織，很難用『好夥伴關係』來管理」，面

擎壤科技提供的即時維修服務，將能協助客戶減少病害農損。

對決策時，勢必有人要退讓，且相信自己選出的領導人；他認為，預先把拆夥的方式訂好，不論哪一位創辦人想退出，或是犯了營運上的錯誤，至少公司還能持續經營、還有挽回餘地。

自學財務專業 做好在地服務

而財務問題，是陳恆燈的第二道難題。隨著公司規模拓展，他突然納悶：為什麼訂單越來越多、出貨壓力越來越大，但公司戶頭的現金卻沒有隨之增加？

農用無人機擁有噴灑高效能並減少用藥量，是農業轉型的重要幫手。

對財務一竅不通的他，發現是財務管理出了問題，但公司在起步階段，一切制度還沒上軌道，要聘用一位不甚清楚背景的財務人員，他不太放心。「這時候只有一個方法，就是自己要懂，就是下班後、睡覺前繼續看書。」此外，「問前輩」也是個好方法。讓自己增加財務上的專業知識，公司的財務才不會被未來的財會人員蒙在鼓裡，進而降低弊端的產生。

在鎖定農業為營運方向後，擎壤科技開始進行在地化經營。早期臺灣的農用無人機市場，雖被大陸的品牌所稱霸，但售後維修服務很差——這正是陳恆燈看到的市場缺口。

農業是靠天吃飯的產業。如果農藥噴灑不即時，所有病蟲害對農作物的侵害，都有可

擎壤科技重點發展歷程

2017年	初代原型機於臺南歸仁完成第一次噴灑任務
	擎壤科技股份有限公司成立
2018年	獲「成功大學精實創業」首獎
	產品EG2上市，獲得第一筆訂單
2019年	全臺首處專業農噴無人機培訓中心：擎壤培訓中心成立
	獲行政院農業委員會水土保持局「青年回鄉行動獎勵計畫」
2020年	獲「臺南市政府地方型SBIR推動計畫」補助
2021年	全臺設立5處營業據點，3處維修中心

能讓農家在一夕之間血本無歸，導致生計出現問題。這樣的即時性，反應在農用無人機的服務需求上，就是故障排除與維修更換零件要即時。因此「在地化服務」就更顯重要。「我們就是把別人沒做好的做好了，那業績自然就會來。」陳恆燈笑著說。

為了落實在地化服務，擎壤科技拓點的腳步從臺南出發，走向臺中大雅和花蓮玉里，下一個據點是宜蘭；預計未來三年內再成立20個據點。陳恆燈的短中期目標，是在七、八年內達到上市櫃標準，讓擎壤成為臺灣最大的無人機公司。放眼外銷市場，他則鎖定東南亞、北美、日本、俄羅斯、韓國等地，希望藉著全球推動智慧化農業的風潮，一舉將擎壤科技推向國際。

善用資金加速成長　接觸客戶找出答案

回首創業之路，陳恆燈大方地分享自己的經驗，給未來的創業家兩點建議：

一、不要太排斥資金方投資。

大概是被許多八點檔商業鬥爭的劇情影響，早期擎壤科技頗為排斥資金進入。「事實上，資金方會投資你，也是想要跟你一起賺錢」，再加上創業最寶貴的資源就是時間，如果能用金錢換取時間讓公司加速成長，這對企業的長遠發展來說將會是正面的。

陳恆燈給未來創業家的面試題：

創業失敗之後，你有什麼打算？

面試題檢測點：

從回答中，可以看出未來創業家是不是一個能認識「失敗」，並勇於調整錯誤的人。對於許多想要東山再起的創業家來說，最重要的是要意識到自己的盲點，因為失敗就代表著有盲點的存在，但你能不能找到？而找到盲點之後，你有沒有勇氣去改變自己？甚至是面對公司的難以為繼，或是結束合夥關係時，你能不能壯士斷腕，重新出發？

二、做，就對了。

創業路上總會遇到瓶頸。沒有方向、沒有頭緒時，「代表你需要接觸你的市場，需要跟你的客戶聊聊天了。」去接觸客戶，去了解他們在想什麼，有時候可以為你突破盲點，找到答案。

這是一家與飛機引擎有關、與滋養土壤有關的農用無人機新創公司；無論是無人機飛行或是農人種植採收，都需要晴朗的好天氣。取「晴朗」的諧音、以「擎壤」為名，陳恆燈期盼公司逐步成長，未來能如晴朗天空中的陽光，普照滋養青蔥大地。

張量科技｜李尚融

在胡思亂想中找出自己的追求

張量科技小檔案

共同創辦人：李尚融、顏伯勳
張永承、侯淞曉
獲U-start創新創業計畫108年度補助

平均二十一歲的四個年輕人，用實力證明臺灣的航太科技新創力，能夠直上太空！

航太領域是技術門檻極高的產業。而張量科技以「球型馬達」（Reaction Sphere）技術讓微型衛星（10公斤以下的衛星）成功減重20%。如果一公斤的發射費用是300萬元臺幣，那麼球型馬達技術所減下來的重量，可以減少一顆微型衛星數百萬元的發射費用；也難怪吸引了創投界、企業界的關注。

有一樣的夢想 同學就是創業夥伴

對許多創業者來說，最困難的應該是，在只有時間和體力、欠缺技術和資金的情況下，如何找到志同道合的夥伴一起打拼。很幸運地，來自嘉義、從高中開始就是好夥伴的李尚融、顏伯勳、張永承、侯淞喨，儘管大學時期分屬臺大、臺科大、中山三所學校，但彼此的默契與共同的志向，讓張量科技擁有挑戰國際航太市場的利基。

擔任技術長的李尚融，和擔任執行長的顏伯勳，同學的年份要從國中算起。說他們是高材生，李尚融不好意思地笑笑說：「就是有興趣、有熱情的東西一直碰，然後就做到現在。」

上了高中、覺得課業很無聊、不想浪費三年的顏伯勳和李尚融，一直想找些好玩的事來做做。那時剛好看到固特異輪胎廣告，「球型輪胎」讓未來概念車可以左右平移的畫面，這兩個好同學突發奇想：要是馬達能夠往球型方向設計的話，應該也會有一些它的應用才對！於是他們在高一時加入成大電機工程系謝旻甫教授的研究團隊，張永承和侯淞喨則是在安排好高三課業和考試後隨之加入。

將技術商業化 創造最大的貢獻值

「球型馬達」雖不算是門新技術，但全世界並沒有太多實驗室關注；以前只有零星運用在輪胎、輪椅或是機械手臂上的研究。但是接觸久了，李尚融他們發現，球型馬達高轉速、多個自由度的特性，在商業化的應用上，特別適合

球型馬達技術如何用在商業上，是李尚融長期思索的事。

「過程是苦的，回憶是甜的。」

從整個時間軸看，對未來而言，過去的挫折與失敗都只是微不足道的波瀾，甚至是有趣的回憶。

設計成衛星的姿態控制器，讓衛星內只需要一顆球型馬達，就能達成傳統三顆馬達驅動的X軸向、Y軸向、Z軸向旋轉，甚至可以轉成斜角旋轉，進而執行星體拍照、資訊傳輸、物體即時追蹤等工作。他們花了一兩年把技術做出來，也花了一年多的時間尋找商業上的應用方式。

為什麼想將技術商業化？李尚融提到，2018年參加英特爾國際科學與工程展（Intel ISEF）時，輔導他們的中央研究院林榮耀院士時常問他們一個問題：What's your contribution？做了這個研究，你的貢獻在哪裡？

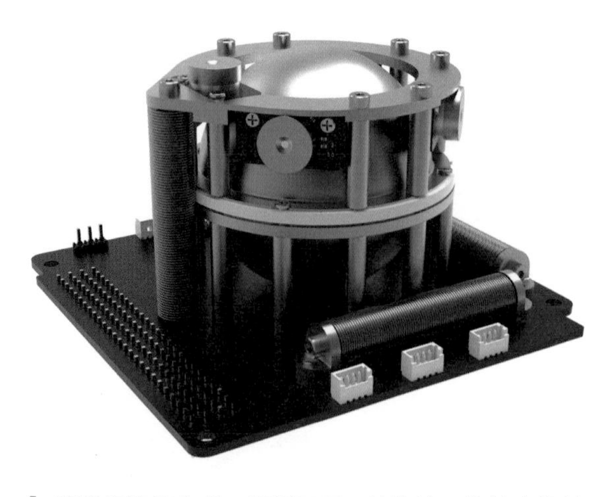

球型馬達擁有「一顆抵三顆」的效能，能節省燃料成本，延長衛星使用壽命。

這個問題，讓李尚融回頭思考自己的貢獻值。可能在許多純學術研究的人眼中，「新」就是最大的貢獻，現在能不能應用並不重要；「但我們做的是工程學科，為解決人類的不便利而生，要是我們的馬達無法應用在現實生活中，那contribution就不大。」

因此，如何將一個單純的技術變成市場商品，是身為技術長的李尚融，在創業過程中覺得最困難的事。從技術發展成商品，需要透過市場調查了解現況，需要和客戶互動找出技術應用的方式，從這些資料和回饋中，還要想想自己有沒有機會？優勢、劣勢在哪裡？這段調整優化的路很漫長，「真的沒有人能教你，只能花時間慢慢磨練。」

典範轉移　是願景、是期許

從2016年開始研發到現在，五年內，張量科技的球型馬達已更新到第九代。每一代之間需要花費半年到一年調整，燒著時間，也燒著金錢，有時在工廠睡地板，有時弄得滿手油汙。

球型馬達所節省出來的空間，讓衛星可以承載更多像是相機、遙測元件等資料收集硬體，並延長每顆衛星的使用壽命。

隨著更清楚市場需求，加上技術能力提升，後面幾代更新的速度越來越快。過程看起來痛苦，但李尚融卻十分享受；支撐他的除了興趣，還有願景。

「我們希望能創造『典範轉移』。」李尚融認為，受限於機械構造，要把馬達縮小，或是賦與更多功能，有些先天上的困難。但球型馬達能把原本傳統衛星姿態控制器的三顆馬達結構，變成一顆馬達結構，讓體積及重量固定的微型衛星，能夠空出更多的空間承載像是相機、遙測元件等資料收集硬體，不僅能創造更多使用功能、節省三分之二的耗電量，還能延長每顆衛星的使用壽命。

「這在航太領域上是非常有前瞻性的研究，在市場上，則是創造非常大的影響力。」李尚融進一步說明，目前和張量科技合作的公司都是海外公司，且正在洽談美國、印度、歐洲等市場。在去年，張量科技完成第一輪天使輪投資，今年會再進行A輪募資。

今年年底，張量科技的球型馬達控制系統將搭著SpaceX發射火箭升空「實測」。

從自己的追求中規劃人生

求學過程和同齡的同學大不相同，李尚融對於人生的選項，想得更深。慶幸父母在高中時就放任他自行發展，他覺得比起盲目跟著整個時代的潮流走，跟著所有人一起讀書、考試、補習，不如花一點時間思考其他的可能性。

「很多年輕人會有這麼多茫然，一部份的原因是，從國小到高中甚至大學，幾乎每一天都被規劃好了，自然沒有什麼太多額外心力去『胡思亂想』。」李尚融回想創業的過程，這四位高中好同學一開始只是想研究沒有人做過的技術，後來慢慢轉念到：這個技術能帶來什麼貢獻？最後決定往業界走，希望創造實際的影響力。這段從尋找、到轉念、到創業的探索，都是在「胡思亂想」中成形。

李尚融覺得，每個人都應該在各個時期問自己：現在到底追求什麼？再透過一些「子題目」思考，像是：是不是有些想法要實現？是

張量科技重點發展歷程

2016年	團隊組成並開始研發球型馬達技術
2018年	獲美國「英特爾國際科學與工程展覽會」工程科二等獎
2019年	獲科技部 「FITI創新創業激勵計畫」創業傑出獎
	張量科技股份有限公司成立
2020年	偕同國家太空中心赴美國華盛頓「Satellite 2020」出展
2021年	建立ISO9001:2015品質認證
	與歐洲衛星公司SatRevolution合作POC案

李尚融（左）和顏伯勳（右）參加英特爾國際科學與工程展覽會。

（照片提供／張量科技）

不是想要創造一些影響力？想要賺大錢？還是只是希望自己健康、平安就好？那樣的未來真的是我期待的？我真的喜歡嗎？

找到自己追求的，再反過來去分析：我現在應該要做什麼事情，才能接近這個目標。

瞄準系統整合趨勢　即將升空實測

目前張量科技除了專注於球型馬達技術外，同時研發了太陽、磁場方向感測器等輔助元件。「接下來衛星產業的趨勢應該會越來越模組化。」因此李尚融將公司未來的技術發展目標，放在「整合性姿態控制系統」。

這套系統將整合致動器、傳感器、太陽感測器、GPS等姿態控制的相關元件，完成元件層級的系統整合，客戶就可以專注在子系統整合、規劃要搭載的儀器，以提升衛星整體價值。李尚融進一步說明，過去建構一個衛星任務，需要用三年去規劃功能及設備；未來隨著專業分工與模組化發展，建構衛星任務的準備工作有可能縮短到一年，甚至半年之內。如此一來可以降低衛星產業的進入門檻，縮短iterate（迭代）的週期，衛星產業的商業化腳步將會加速提升。

在未來一年，李尚融希望可以把姿態控制系統建構好，並完善微型衛星市場的需求。眼光放遠到未來兩年，則是希望進軍體積、重量較微型衛星大的小型衛星市場。因為球型馬達技術的優勢，在衛星體積、重量越大的條件下，越能被看見。

今年年底，張量科技的球型馬達控制系統將和波蘭衛星商SatRevolution，一起搭著SpaceX發射火箭升空「實測」。這是張量科技驗證自己的技術力，能否為全球航太產業做出貢獻的重要關鍵。結果如何，讓我們拭目以待！

李尚融給未來創業家的面試題：你追求的是什麼？

面試題檢測點：
與其問有沒有創業家特質，不如多花一點時間去思考自己到底想要什麼、想要什麼樣的人生。適合別人的不見得適合你。找出一些空閒時間好好思考，思考深度會大不同。

微醺農場｜黃衍勳

引入無毒耕作新技術
種出健康安心好食物

微醺農場小檔案

代表人：黃衍勳

獲U-start創新創業計畫105年度補助

西諺有云：「You are what you eat.」意即你吃下去的食物，深深影響你的健康。

臺灣的食安事件在進入千禧年後層出不窮；從2013年起到2017年之間，舉凡塑化劑、餿水油、使用過期原料、販賣過期食品等食安新聞，讓許多家庭更加在意自己買到的食材，是不是吃得安心。黃衍勳就是在這段時期，以「種得無毒，吃得健康」的理念創立微醺農場，希望能以有機葉菜踏入團膳市場，讓還在發育的學子們都能吃到健康的食材。

踏入農業 效法長輩肯吃苦的精神

創業，是黃衍勳念大葉大學分子生物科技系（現為生物醫學系）時就在思考的事。但是因為自己太喜歡生物，很想多學一些新知識，在考進中興大學生命科學系碩士班之後，便主攻生物多樣性研究。雖然服完兵役後，曾經重回中興大學繼續進行研究工作，但「回鄉創業」這件事，從來不曾在腦海中消失。

決定回鄉創業時，正是政府鼓勵青年回鄉從農、風潮正盛之時。雖然生物科學是黃衍勳喜歡的領域，但他碩士畢業後就發現，臺灣沒有生物科技領域的研發市場，如果以所學的專業找工作，頂多是在大學或醫院當研究助理，而這類工作相當不穩定。「我看到很多學長，不是念到博士之後去找教職，要不然就是轉行，我覺得這樣好像不太對。」

於是他接著思考：未來想過什麼樣的生活呢？如果要年收入超過100萬元臺幣以上，那麼自己該具備什麼能力才能達成？那時許多新聞報導青農回鄉創造的營收佳績，「聽到種小蕃茄可以年收百萬元以上，我就想：可以做唷！」加上自己是農家子弟，即使當時對農業一竅不通，但從小看著長輩務農身影長大的黃衍勳覺得：「阿公、阿嬤辛苦種田一輩子，大家還是活得好好的；我只要肯吃苦，應該也可以。」

微醺農場的小黃瓜產量與品質穩定，目前供不應求。

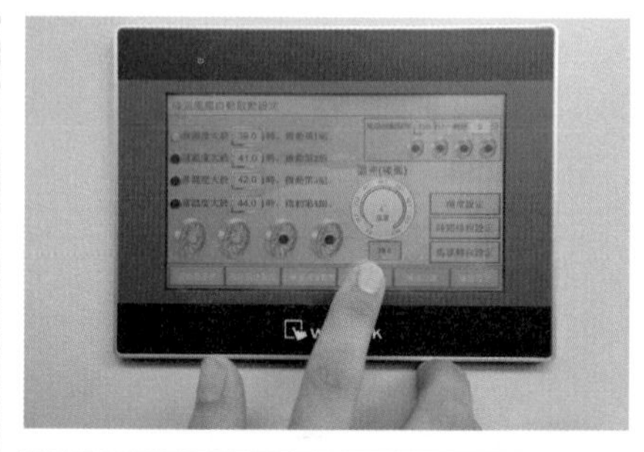

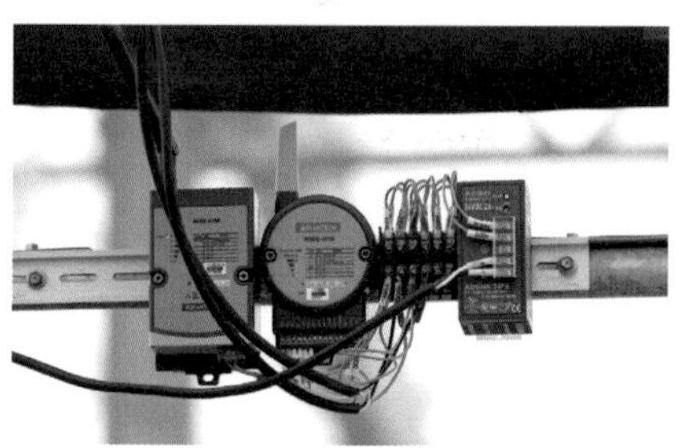

黃衍勳建構溫室，搭配溫度控制、環境控制等自動化管理系統，並樂於分享智慧農業相關技術。

開設微醺農場之前，黃衍勳曾經開飲料店、養蝦、開民宿，最後才選定開農場。問他選定農場的原因，他說：「因為我覺得農業是一個比較長期性的產業。」即使擁有生物科學領域的學術基礎，在踏入農業之前，黃衍勳還是做足一年的準備。白天他在民宿工作，晚上到虎尾科技大學的農民大學上課，學習專業知識，或是鏈結一些資源。課上完了，便運用阿公持有的三分田地開農場、建溫室，栽植有機葉菜。

轉型種小黃瓜 因為怕缺工

但是過了一年，他發現種有機葉菜是個錯誤的選擇。「因為那時我太『菜』了（指自己是個農業菜鳥），忘了考量產地聚落、共同運輸、管銷這些問題，就憑著熱情一股腦地投進去。」在自嘲中黃衍勳說明，農場位在不是葉菜生產重心的雲林縣水林鄉，但葉菜的主要產區在雲林縣西螺鎮，盤商當然去西螺收購。「我開車到西螺賣菜就要一個小時，但我的資金全投在溫室，連貨車都買不起，光是運輸就是個問題。」不得已放棄有機葉菜的他，決定轉種小黃瓜。

為什麼選擇種小黃瓜？「因為缺工啊！」黃衍勳笑著解釋，水林是臺灣知名的地瓜產區，在11月到隔年4月盛產期時，經濟規模達100至200公頃的農場創造出的人力需求，讓工人至

“創業，需要很多特質；尤其是抗壓性和整合的能力。”

少有半年左右的穩定收入，他們當然會先選擇去大農場工作；於是規模小的農場就缺工了。但是小黃瓜四季都可以收成，如果採用一年收成4次的離地栽培模式，只要將溫室分成兩區輪流種植，在產季與產量穩定的條件下，就會有穩定的工作量，「這樣我就可以養自己的員工，不用再跟別人搶工了。」

雖然放棄有機葉菜，但黃衍勳並未放棄無毒耕作，因此他採用成本較高的離地式介質栽培技術，並結合自動化養液系統、環境控制系統、熱水淋洗消毒系統、負壓水牆、溫室設備等設施種小黃瓜。小黃瓜種子在介質土中成長，根不著地，可以降低土壤造成的病害；收成次數也因此可以提高到一年至少4次以上，這為微醺農場帶來全年無休的穩定產量。

兩次創業危機　面對農業更務實

但即使肯吃苦，還是讓他遇上兩次危機。種小黃瓜的資深農人都知道要預防「黃瓜萎凋病」；這是黃瓜類植物專有的病害，感染源是黃瓜專化型的尖鐮孢菌（亦稱鐮刀菌），它可以透過土壤、澆水、氣流、雨水等方式傳播。當黃瓜的根莖部被感染後，將破壞莖部的傳輸與吸收機能，黃瓜因而枯死。剛轉型種小黃瓜的黃衍勳並不知道這項專屬病害，自然不知道要事先預防，等到快採收時，黃瓜卻在一夕之間全數枯死；雖然經過緊急熱水澆淋等方式處理，但挽回的成效有限。

好不容易處理完黃瓜枯萎病所造成的損害，過沒多久，又發現小黃瓜怎麼種都種不活。黃衍勳試過調整種植環境與相關設定，還是找不出小黃瓜活不了的原因。最後，終於發現是介質土的使用年限已到，介質土透氣性佳的特性已消耗殆盡；但，這已經好幾個月過去了，他已經無法周轉，必須向朋友借錢才發得出薪水了。

「我們以為只要能吃苦、刻苦耐勞，就算做到半夜11、12點也沒關係，就會有一點相對的收穫。可是還是賠錢。」黃衍勳雖然心中感嘆，卻仍然咬牙撐住，一來是基於不服輸的個性，二來是為了還貸款。他認為以上班族的薪水，絕對還不完所有貸款，一定要做下去才有轉機。

這兩次危機，戳破他對務農的美好想像，轉而務實處理所有問題。針對病害防治，他透過調整溫室中溫度、濕度等環境設定，讓鐮孢菌不易生存或傳播。他也將介質土換新所需的成本列入每年預算中，並記錄使用時間，方便即時換土。慢慢地微醺農場的小黃瓜產量穩定了，

離地介質栽培產出的無毒小黃瓜，無論高級餐廳或是平民美食都百搭。

品質提升了，甚至達到現在供不應求的狀態。

微醺農場重點發展歷程

2016年	微醺農場成立
	建構第一座生產溫室
	投入有機蔬菜栽培並取得有機證書
2017年	導入離地式介質栽培模式
2018年	建立第一個分場
	開始嘗試建立小黃瓜栽培SOP
2019年	於負壓溫室中導入感測器、物聯網(IOT)以及工業電腦
	自行開發溫室自動化管理系統
	開始發展智慧化農業
	取得產銷履歷證書
2020年	改建第二個分場，擴增智慧化溫室。
	組建在地的供應鏈生產團隊並縮短農產品產銷鏈
	建立單品項產地直送的商業模式
2021年	建立第三個分場，開始進行數據蒐集
	將建構無人化管理的AI智慧栽培模式
	成立青年培力工作站進行智慧農業教育

結盟產銷通路　分享智慧農業技術

而對於產銷管理，黃衍勳也想創造出產業上的轉變。農業並不是像工業廠房將機器設定好、原物料設定好，就可以穩定產出的產品，有穩定的市售價；農產品是有機生命體，涉及的是陽光、空氣、水等天然環境變因，再加上病蟲害等不確定變因，這些都會造成農產品生產過剩或不足，以致價格浮動。「把工業化的管理思維帶入農業，絕對行不通。」

因此產銷通路的結盟，對於農人來說顯得相當重要。幾年下來，黃衍勳以「單一品項穩定供應」的方式，穩定供貨給固定的通路商。與剛創業時

去拍賣市場的銷售成果相較，現在的產銷模式讓黃衍勳多出21%的獲利。而關於溫室建構、介質栽培等技術，黃衍勳也不藏私，希望透過農友之間的技術分享，以「智慧農業」型態穩定地提升產量，以滿足目前通路商的需求。

「小黃瓜的使用範圍很廣，從高級餐廳到一般早餐店都會用到。」而黃衍勳的下一步，是開發小黃瓜系列商品，讓小黃瓜的使用方式更多元。微醺農場曾將小黃瓜搭配其他食材，做成粉圓與果凍；今年他則結合了父親的養鰻場，打出「小黃瓜鰻片禮盒」。包裝的外盒上，繪有微醺農場的溫室，與父親經營的養鰻池；禮盒內則是具有完整產銷履歷的自產小黃瓜與鰻片，希望能在伴手禮市場佔有一席之地，並且逆轉在疫情衝擊下的產銷情勢。

返鄉務農　讓孩子踩著泥土長大

水林是黃衍勳從小生長的地方，有著他的童年生活；「我很早就跟我弟弟討論，我們兩人中要有一個人回家鄉工作。」看著長輩年事已高，身為家中長子、長孫，黃衍勳認為照顧長輩責無旁貸；而「四代同堂」的情景在現代社會已經很少見，自己育有二子，如果能讓家中長輩看著孫子成長，將是人生中的樂事。「我弟後來跟著我們回來，我們都希望讓孩子可以在我們的家鄉踩著泥土長大，跟我們小時候一樣。」

黃衍勳給未來創業家的面試題：

你對未來有沒有設定目標？你想做到什麼程度？

面試題檢測點：

創業者要很確定自己的目標，自己前進的方向是什麼，才不會一遇到困難挫折就想放棄；即使走了彎路，也會繞一圈再回到原路上。當然每個人設定的目標和理想條件都不一樣，但是你自己要很清晰。

為了讓自己的孩子能踩著泥土長大，為了讓家人過上經濟無虞的自在生活，黃衍勳的創業路必須越拓越寬。在水林，黃衍勳開始建立屬於當地的團隊和產業聚落，現在已經有許多在地青農跟著他的腳步一起前進。接下來，黃衍勳將跨縣市、跨鄉鎮，慢慢建立跨區合作網絡，透過分享商業模式及栽種技術，擴大週邊的產銷版圖，發揮在地創生價值，進而提升水林一帶的競爭力。這是他回鄉創業的堅持，也是他對家鄉的使命。

「小黃瓜鰻片禮盒」外盒繪有微醺農場的溫室與黃衍勳父親經營的養鰻池；禮盒內裝有自產小黃瓜與鰻片，希望在伴手禮市場佔有一席之地。

阿法索｜何連任

進軍高階燈飾市場 期盼留下經典傳奇

阿法索小檔案

代表人：何連任

獲U-start創新創業計畫101年度補助

好的照明光源，可以調和四方水泥牆、石材等環境材質的冷硬感，轉而讓氛圍溫暖柔和。與傳統燈泡相比，LED（Light Emitting Diode，發光二極體）體積小、發光效率佳、耗電量少；低電壓與低電流驅動後即可點亮，還能改變色溫，又不含水銀和鉛，這些優點，隨著環保意識抬頭，使LED技術成為現代綠能產業的主軸。

何連任在十年前就讀國立聯合大學光電工程系碩士班時，和幾位志同道合的同學，想著「要做件偉大的事。」在就讀碩士班之前工作過一段時間的他，覺得在企業中工作，接觸到的是產品誕生過程中的一部分，並沒有經歷過從無到有的整體流程。「公司裡面資源當然比較充分；創業就是可以做一些自己喜歡做的事情，想說可不可以從頭到尾做好一樣東西。」

看見光電產業趨勢 發現高階市場需求

上了研究所後，他參考許多正在興起的新創模式，像是當時還沒有實體車產出的特斯拉等，思索著自己的創業路。所學的是光電專業，又剛好遇到LED技術開始朝照明領域發展。那麼，投入燈飾產業，是不是個好選擇？為此，他們開始研究市場生態。

他們起初覺得在中國的低價競爭下，燈飾公司要能獲利，可能有些困難。但後來他們研究歐洲市場，看到一些精緻燈飾標示的價格高到他們以為標錯了，卻仍有市場接受度；再仔細分析後發現：這類燈飾主打高階市場，不需要大規模量產。此外，精緻的燈飾產品本身材積並不大，製程不需要太複雜；一間規模小的公司只要能進行整合，再引入協力單位，就可以完成商品的商業設計與工業製造。

阿法索初試啼聲之作：貝多芬桌燈，獲得2014年金點設計獎、2015年文創精品獎。

「時間」是你花任何錢都買不來的。

相較於汽車產業，以高階市場為主的燈飾產業，對於資金與人才的需求小了許多，「我們自己又熟悉LED照明和工業製程這塊，只要跟商業設計師組成一個團隊，就可以來做。」於是何連任決定從高階燈飾設計切人，展開創業之路。

以發明專利為後盾 代表作華麗現身

阿法索的營運模式，是與商業設計師合作，依據設計圖稿，由阿法索接續規劃工業設計的生產製程，並由所洽詢的下游工廠進行製造。然而，要去哪裡找到理念相同、概念又傑出的商業設計師一起合作？何連任直言：「這是我們成立公司以來，一直存在的挑戰。」面對不熟悉的設計師，對方可能要求以「收費承攬」的方式進行交易，而不是異業結盟的想法來合作；但若要聘用公司內部的設計人才，受雇者能不能一直保有設計能量推出新產品，以及創業初期的人力成本，都需要再行考量。

因此，他們決定先做出代表作，以增加串聯結盟的説服力。為了創造產品差異化，同時奠定進入高階市場的基礎，阿法索發明了「LED 感應控制照明裝置」技術並取得發明專利。這項技術可以讓單一光源輸出一萬種不同的白光，同時擁有一千種不同的顏色；如此變化多端的照明技術，也榮獲2013年台北國際發明暨技術交易展—發明競賽「鉑金獎」。

之後，阿法索以這項技術設計出的代表作：貝多芬桌燈，使用陶瓷材質，打造光滑溫潤的質地；透過撫摸鳥背的方式，更能折射出比一般桌燈更多的光線變化。這項作品獲得了2014年金點設計獎、2015年文創精品獎，成為阿法索進軍高階燈飾市場時的美好起步。

虛擬平臺找夥伴 更希望創造實體交流契機

公司略站穩了腳步，何連任開始透過文創設計平臺：Fresh Taiwan，參加國內外多項展覽；拓展市場之餘，更結識了理念相同又才華洋溢的創意設計師。「我們向這些設計師介紹

文創農場中，運用玻璃、原木，融合自然光線所打造的樹屋。

自己的技術，設計師如果有興趣就可以接著發想；發想好，我們一起討論修正，一起co-work。」

他以知名家具品牌IKEA，以品牌和設計師的合作模式為例，希望與設計師合作的作品歸屬在「Alphonso」這個品牌之下，但設計師的姓名、創作理念都會註明在標籤或雷射雕刻上，讓消費者不僅能認識Alphonso品牌，更能接近設計者，而這項燈具商品也就更具故事性。也因為Fresh Taiwan這個虛擬平臺的啟發，讓何連任有了搭建實體「文創農場」的想法，希望這個實體空間能成為設計師彼此之間，或與消費者之間面對面的交流平臺。

而落實這個想法的起點，卻是因為「一頭牛」。

2017年，阿法索跨足溫室照明，協助臺北住安樂活農場搭建公共型生態概念植物工廠。在植物工廠內的LED模擬出太陽光，讓植物在室內就能與種在戶外一樣行光合作用。這項照明技術可以種出許多市場上較難自然生長的蔬菜，因此經過牽線，何連任便到新竹偏鄉與學生們分享照明上的新知。這趟行程，讓何連任發現一片退輔會閒置三十年的土地。

一頭牛　牽動一連串營運新計畫

剛好何連任有位設計師朋友，因為心疼無田耕作的老牛將被撲殺，陸陸續續在兩年間買了七頭牛，但是他卻無法處理飼養問題。感受到朋友的煩惱，加上看到這片空地，何連任便想：不如租下這片地，分一頭朋友買下的牛來養，同時也看看這塊地能做什麼。

文創農場中的游泳池（左圖），前身是泡稻穀用的水池（右圖）。

這塊地原本是座育苗場，留下的建物非常老舊；租下來了，就要善加利用。阿法索的三位同仁捲起袖子自己整理，原先用來泡稻穀的大水池，被改成游泳池；建物空間整理一下，可以成為文創商品的展示空間，也可以提供新創設計師租用，成為共用工作空間。

文創商品的質感，光看照片可能無法完整傳遞，還是要親眼看見才能感受。因此何連任邀請與阿法索合作的設計師們到這裡駐點，匯聚多款新穎又有特色的商品，希望吸引消費者前來。這個文創市集，預計今年底（2021年）開始試營運。

阿法索重點發展歷程

2012年	團隊成立
	阿法索有限公司成立
	Mo及BeDove（貝多芬）系列設計完成
2014年	BeDove桌燈獲得臺灣設計精品
2015 年	獲經濟部臺北國際發明展鉑金獎
2019年	承租新豐農場之國有地作為藝術文創農業整合發展基地

是文創商品集散中心
是新創設計師事業起點

「我想把很多臺灣設計者的概念，收集在一起，擺在同一個展覽點裡面，客戶一來，就能看到臺灣許多設計師設計的好產品，無論B2C或B2B都能在這裡找機會。」而喜好文創商品的消費者，通常對他項文創商品的接受度也很高；在這個市集裡，說不定能藉由不同的設計師，吸引不同需求的消費者，讓消費者擴大購買的誘因，也為設計師們增加客源。

也因為走過創業之路，有感於創業者對於經費運用的錙銖必較，文創市集的其他建物空間，將提供正在創業的新銳設計師，一處便宜的辦公地點。「這些年輕設計師創業一開始財務壓力比較大，光是付房租、水電及雜費等，就有可能把他們折騰到放棄。」因此在何連任的規劃中，入駐的設計師僅須負擔必要的水電清潔費即可，他希望以減少支出的方式，協助有理想的創業者開創人生。「照我們的想法慢慢走下去，至少可以幫助一些人，或是幫助到自己。」

創業十年，何連任深刻體會到「十年種樹，百年樹人」這句話。在整理文創市集用地時，阿法索的員工們逐步植栽樹苗，希望十年後長成一片綠林。這樣的心情，如同何連任想要經營品牌、創造經典的心。

期盼留下品牌故事與經典傳奇

回顧當時市場研究時看到的歐洲燈具市場，為什麼可以採取高價策略？何連任指出，因為那些燈具是二戰時期就已設計，並且流傳至今的經典。即使現在市面上充斥許多仿冒品，但是與原廠品比較之後，你就會覺得：「哇！原廠品的材料跟品質，還是值這麼高價！」

也因此，何連任認為高階燈飾的市場規模很大，光憑一家公司無法滿足所有的市場需求。「每年都有許多新設計、新想法出現，或許幾年後剩下幾個變成經典；然後再經過五十、一百年後，變成傳奇；這些傳奇的設計就是這樣誕生。」

臺灣素來以代工見長，經營品牌的歷史太短，但品牌卻是質感與信用持續堆疊的成果。「面對品牌經營，我們只能試著去做，然後看我們這個產品，十年後它還有沒有價值存在，三十年後還有沒有人願意為它買單。」何連任以自己用了十年的Apple筆記型電腦為例，雖然零組件有些老化，但效能還是堪用；又比如古董車，年份越久價值越高，「因為『時間』是你花任何錢都買不來的。」

談到品牌經營，花大錢建立團隊或許是一種方式，只是資本要很雄厚，才能養得起一個團隊。一開始就決定採取小規模經營策略的阿法索，以「軟土深掘」的方式，慢慢地透過設計師之間的串連、文創市集累積的人氣，希望能為臺灣高階燈飾市場，創造品牌故事與經典傳奇。

接下來，何連任還將在文創農場中，種出一座露天的植物迷宮。而「Alphonso」這個品牌能不能如這座迷宮一樣綠意盎然，甚至創造經典與傳奇？讓我們拭目以待。

何連任給未來創業家的重要提醒：
Stay foolish, Stay hungry（大智若愚，求知若渴）

創業過程中，難免面對困境與挑戰，這對創業者的性格來說，也是一種磨練。因此想創業的你可以先想想：

1.是否已經有接受負面事實的心態準備？即使困難擺在面前了，能不能以大而化之的態度泰然處之？

2.性格中能不能耐煩？有時候，那些因為不耐煩而輕率處理的瑣碎小事，都有可能帶來經營上的重要損失。

Chapter 3

構築世界的

傳遞堅信的價值，
實現創業的理想。

共好力

洄遊吧 FISH BAR｜黃紋綺

愛上海洋
以食魚教育許願永續

洄遊吧FISH BAR小檔案

代表人：黃紋綺
獲U-start創新創業計畫105年度補助

花蓮的七星潭，是國內知名的觀光景點，眺望清水斷崖以南的海灣，搭配一望無際的寶藍色海水，令遊客心曠神怡。而懂門道的在地人，會趁著定置網漁船上岸時，來撿當季的便宜食材。近幾年，除了看海賞景，七星潭還多了一項體驗行程：參加洄遊吧FISH BAR的食魚教育體驗。

都市長大的黃紋綺，每年長假回到花蓮七星潭外公家，最愛跟著大人往漁場跑，也讓她與大海結下不解之緣。待在海洋學術領域幾年後，偏好實作勝於研究的她，決定回到花蓮創業。「明明都是食物，每個孩子能叫出好幾種蔬菜水果的名字，為什麼偏偏不認得魚？」於是她想著：有沒有什麼方式，能讓大眾認識臺灣周邊就能捕獲的魚種，而不是只食用認識的那幾個魚種？

洄遊吧 FISH BAR 透過「魚」串起人與海洋的關係。

魚的洄游　帶來人的洄遊

預備創業的一年間，她去市場學殺魚、搭船出海體驗漁人日常、訪談漁工的生活，慢慢的設計出教案，朝食魚教育發展。「七星潭有悠久的漁業歷史，魚類是日常生活中最接近海洋的媒介，我希望透過魚串聯人與海洋的關係，由魚種、漁法和漁村文化，讓更多人認識臺灣的海洋。」

兩代都是漁人、從業多年的長輩深知漁業艱苦，不忍心會念書的黃紋綺投入這行，但自家的定置漁場和漁獲，成為她創業時有利的後盾。2016年，以食魚教育體驗為核心的「洄遊吧FISH BAR」公司，在七星潭誕生。

我喜歡甘地說的：
”You must be the change you want to see in the world.”
因為當時的堅持，我想見到的改變已經慢慢實現了。但還要繼續努力。

來到洄遊吧FISH BAR，即使只有一個人預約，也能參加「七星潭摸魚趣」。這個全臺首創的產地體驗，以七星潭的定置漁場為起點，介紹在地的使用漁法，然後讓遊客觸摸當季的洄游魚種進行握手見面會，認識洋流、洄游魚類，以及最重要的——適合被吃的魚。

「臺灣是個海島，但過往教育中鮮少觸及海洋。直到這幾年政府成立『海洋委員會』、十二年國教納入海洋議題，才開始有改變。」黃紋綺自詡為領路人，帶領遊客知道一條魚由大海到餐桌的流程，也包括洄遊吧FISH BAR永續海洋理念。活動結束後，遊客可以就近到海灘觀察魚貨上岸或拍賣場；這正是七星潭的地利之便。

海上迷宮定置網　友善捕撈漁法

若是陸地上兩個小時的體驗不過癮，洄遊吧FISH BAR也與賞鯨業者合作，策劃「勇闖海上大迷宮」活動帶遊客出海賞鯨，更可就近看看定置網的長相。

洄遊吧 FISH BAR 團隊（左圖）為推廣永續海洋理念，舉辦許多食魚教育活動（右圖）。

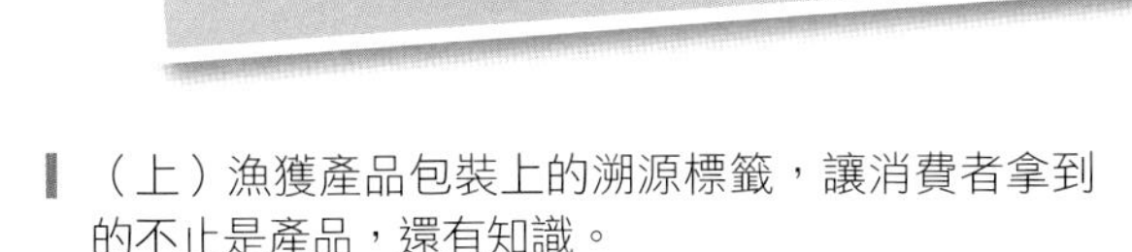

（上）漁獲產品包裝上的溯源標籤，讓消費者拿到的不止是產品，還有知識。
（下）宅配箱內所附的食魚教育學習單，讓家長帶著孩子認識即將烹煮的魚。

「臺灣東部有黑潮經過；黑潮就像一條在海洋中行駛的高速公路。」黃紋綺解釋，如同人類開車需要休息，黑潮裡的洄游性魚類也會選擇鄰近的海灣停歇；海灣形成處多半是溪流出海口，水流較緩，蘊含食物營養鹽。而七星潭正是黑潮旁的典型休息站，在這裡有五處架設在海中的定置網區，每一處網區約有三到五個足球場大，就像是海上迷宮，魚群可以自由進出，是一種相對友善的漁法。至於漁人如何設網、下網和網具的使用，則是依照水深、潮流、地形等條件規劃，屬於商業機密。

如果像是鯨鯊、海龜等保育類動物進入定置網，漁民會將牠們放回大海。因此，許多海洋研究學者會與定置網業者合作進行標刺，研究生物的洄游路徑。「我的海洋學術背景，是我做洄遊吧FISH BAR的理論基礎，只是將它轉換為有趣的商業模式。」

她找到一群從事教育相關的夥伴，參考中研院和國際自然保護聯盟（IUCN）訂定的建議食用魚種，製作魚種、漁具、漁法的套卡和遊客互動，藉由提問、發想、討論，孩子們多半能記住活動當天主角魚的特徵與名字，甚至能分辨公母。

除了七星潭的產地體驗，洄遊吧FISH BAR的食魚教育推廣受到公、私部門注意，讓他們的觸角向全臺延伸。2019年，洄遊吧FISH BAR開始與統一超商合作，翌年陸續在雙北市25家門市舉辦「小小魚達人」活動，結合超市架上販售的海鮮產品，飯糰、罐頭、零食等，讓孩子拿著闖關卡尋寶，並區別本土和進口的海鮮，了解臺灣可以捕撈的魚種特色。陪同孩子參加的父母更是認真，甚至造訪洄遊吧FISH BAR網站，學習海洋知識。

冷凍保鮮最青 魚產也要正名溯源

在教育推廣之外，洄遊吧FISH BAR也有冷凍海鮮的販售，從活動到產品，結合食魚教育與永續海鮮，傳遞正確的食魚概念。「我們推廣『食當季』。花蓮海岸常見的可食魚種有三十種，有些當季新鮮魚種因為大家不認識，被當成賤價出售的下雜魚，非常可惜。」今日的捕撈與生鮮處理技術進步，遠洋魚貨可以直接在船上清理冷凍，而定置網設在岸旁，漁貨上岸後直接去鱗、去鰓、去內臟，從捕撈到包裝一小時內完成，以確保新鮮；「相較於傳統市場的魚攤，冷凍魚並不會比『現流』的差。」

洄遊吧FISH BAR重點發展歷程

- **2016年**
  - 洄遊吧FISH BAR團隊組成
  - 洄遊吧FISH BAR有限公司成立
  - 參加中華三菱「青春還鄉-百萬勵青圓夢計畫」招募
- **2017年**
  - 食魚教育體驗課程開始辦理
- **2019年**
  - 洄遊鮮撈出貨中心建置／線上購物平台改版上線
  - 統一超商好鄰居文教基金會合作辦理門市食魚教育課程
- **2020年**
  - 七星潭食魚體驗館開幕
  - 獲得臺灣休閒農業發展協會全臺第一間特色農業場域認證（漁撈養殖）
- **2021年**
  - 跨出花蓮辦理北區食魚教育人員培力課程
  - 洄遊鮮撈產品線上食魚教育及溯源標籤正式亮相

為了讓消費者貼近，洄遊吧FISH BAR在產品包裝上不僅會註明中文名稱、綽號，還會呈現捕撈漁法、船隻、捕撈海域、日期和料理方式，並圖示整條魚的外觀與QR Code，讓消費者連上官網後能進一步認識。魚類在市場中的俗名互異，土魠在花蓮是棘鰆，而在北部和澎湖是康氏馬加鰆，俗稱馬加。俗名不同，讓差價變大，也影響海洋資源。

幸好有冷凍海產支撐，讓洄遊吧FISH BAR在covin-19疫情警戒之下，雖然無法進行體驗活動，仍然能營運。「疫情升級前我們就已經發現，不是所有人都可以到花蓮來。但是不同地區都應該推廣食魚教育，只是要因地制宜，所以我們準備從雙北都會區開始拓展。」

宅配魚貨 也能線上學習

因此洄遊吧FISH BAR參加各式展售會，在料理教室與青年旅館為體驗活動布局。當疫情限制了活動舉辦時，洄遊吧FISH BAR在產品宅配箱中所放置的食魚教育互動學習單，不僅讓家長可以藉此教孩子認識即將烹煮的魚，還能讓孩子搭配學習單，參加三堂即時線上課程。

這三堂即時線上課程，第一堂是魚的觀察和認識；第二堂是魚所居住的環境、水深、食物等，要以手機拍照來回答問題；第三堂是魚料理製作，並附上食譜步驟。這套教案根據不同季節更換成不同魚種，花蓮的夏季以鰹魚為主，九月入秋則改為鬼頭刀。黃紋綺笑說：「我們販售的除了魚，還乘載食魚教育的理念。」

藉著外地遊客受暑假爆發的疫情影響無法來花蓮玩的時機，洄遊吧FISH BAR剛好可以測試線上課程的發展可能性。黃紋綺坦言，線上課程仍需一定的專業，卻是未來的趨勢；目前雖還在摸索中，但洄遊吧FISH BAR已開始規劃教案教材與影音製作，未來將提供親子互動，甚至是教學使用。

路途雖難 但藍圖益發清晰

洄遊吧FISH BAR的成功吸引了其他業者效法，但這些業者卻是將食魚教育和海洋永續視為行銷手段，並未真切付諸行動。看到有些業者假永續之名行促銷之實，混淆消費者，黃紋綺不禁反問：「自己堅持的意義在哪？如何去平衡獲利和理想？」這些對公司經營而言，是很大的考驗。

幸運的是，目前夥伴們對洄遊吧FISH BAR的理想一致，遇到低潮總會互相鼓勵打氣；也有一群非常死忠的支持者，認同洄遊吧FISH BAR而願意持續支持。

接下來，洄遊吧FISH BAR想要改變第一線生產者。就像農業從傳統農作到有機栽種被市場接受的過程，黃紋綺想著，透過商業機制改變，讓友善捕撈的漁人更被市場認識，甚至能引起政府重視而從制度面改革，會是個大工程。即使公司離經營穩定的目標還很遠，洄遊吧FISH BAR仍然選擇不好走的方向繼續前進；「雖然不好走，但藍圖越來越清楚！」黃紋綺笑著說。

黃紋綺給未來創業家的面試題：
你的核心價值是什麼？

面試題檢測點：
創業是為了改變或解決什麼？後續的方式有哪些？如何維持獲利？如何尋覓一起冒險的夥伴？具有熱血、熱情和想法外，創業家不能單靠自己，團隊夥伴很重要，而獲利模式會影響能否永續推展並完成夢想。

和木相處｜陳大豪、陳青正

以堅持與信任
構築原民文化傳承使命

和木相處小檔案

代表人：陳大豪（右）
共同創辦人：陳青正（左）、李晏儀（中）
獲U-start創新創業計畫—原漾計畫109年度補助

談到和木相處的成立，不得不提到2019 USR EXPO大學社會實踐博覽會。因為這個活動，讓兩位創辦人：陳青正、陳大豪彼此相識，交換理念，並且成為人生中重要的創業夥伴。

畢業於高雄科技大學文創系碩士在職專班的陳青正，在重回校園前，擔任木器品銷售業務人員。在工作的磨練下，他熟知木作藝品產業鏈各環節，對於木料品質、木作製程，及木藝品銷售市場均有實戰經驗。當時他所銷售的商品風格，多半以明清時期仿古風為主。

從實際的田野調查找到方向

進入碩士專班之後，他跟著指導教授一起加入「USR大學社會責任實踐計畫」，實際到高雄日光小林部落大武　族進行一、兩年田野調查。在田野調查過程中，陳青正慢慢發現，許多偏鄉住民或是原民部落，都有一些像是醫療、人口老化等結構性的問題需要解決，但這些問題，無法僅憑一人之力就能改善。如果想在自己的能力範圍內協助他們，盡到實踐計畫中的社會責任，「傳承原民工藝文化」或許是一個很好的切入點。

大武壠族原住民擁有精湛的工藝手作技術，他們可以製作一些手藝品販賣，藉此改善生活。然而要落實這個想法，手藝品製作時需要的原料必須穩定供應；而這正是影響計畫成敗的重要關鍵。與教授討論時，陳青正想起之前在銷售木器品時曾走訪木工廠觀看製程，工廠中有許多像是黑檀木、綠檀木等高價木材餘料，在商品製成後，都

傳承卑南族十字繡文化，是陳大豪的使命。

陳大豪對自己說：

還好撐過來了。未來的路還有，加油！

陳青正對自己說：

相信自己，堅持向著標竿直跑。

被送進焚化爐銷毀。那麼，這些餘料有沒有可能循環再利用，變身為兼顧環保和原民文化的文創商品？

這個想法一出現，陳青正立刻著手實踐；而這些由木工廠裁切下來的剩餘邊角料所作成的木藝品，便成為陳青正在2019 USR EXPO中的展示重點，「創業」這件事，也在「社會責任」的驅動下逐漸清晰。以原民文化，循環經濟為主軸，看起來是可行的創業方向；那麼除了木工藝品，還有哪些原民文化具有商品化的可能性？陳大豪在博覽會所展示的卑南族十字繡文化，因此讓陳青正留下深刻的印象。

和木相處三人團隊，致力推廣原民文化與循環經濟。

勇敢創業　來自血液中的使命感

就讀於義守大學原住民專班的陳大豪，出身於卑南族，在加入USR計畫前，就已經為了傳承卑南族的十字繡，開班授課七年多。這七年多，陳大豪專注教授卑南族傳統服飾上的十字繡品；然而在博覽會現場參觀許多團隊成果之後，他發現「十字繡工藝也可以從原住民服飾中跳脫，成為更生活化的商品！」在旁的友人也建議他可以將十字繡與木工藝結合，並且為他引薦陳青正。而這兩位都想發揚原民文化的年輕人一拍即合，新創公司「和木相處」因此成立，並且獲得2020年「U-start 創新創業計畫─原漾計畫」首獎，贏得重要的創業基金。

對今年（2021年）24歲的陳大豪而言，創業是他人生的第一份正職工作，要和才認識半年多、今年42歲的陳青正一起白手起家，家人難免擔心他因為涉世未深而被騙。

利用邊角木料製成具有原民文化的木藝品，是和木相處的商品特色。

談起這段過程，陳大豪大笑說：「那時很誇張，我只有青正的LINE，連他的手機號碼也沒有！」自詡是一個善於觀察他人個性的人，陳大豪認為陳青正對於創業所展現的態度十分積極；而他擅於分析的個性就像老師一樣，每當兩人意見不同的時候，陳青正並不會因為自己的社會歷練較多就立刻下決定，反而是先為陳大豪分析利弊得失，以循循善誘的方式，導引陳大豪看見自己的盲點。這是讓陳大豪放心與他一起創業的重要原因。

市場前測 對創業前景深具信心

「他花很多時間教育我，一步一步帶我到現實生活中，有時候我太過理想化，但他會為我分析硬要這樣做的結果是什麼。」因為兩人時常如此深入討論，陳大豪腦海中「理想與現實之間的差距」逐漸被縮短，這讓和木相處創作出的商品不但具有藝術性，更具有市場性，許多欣賞的目光亦隨之而來。

對此陳青正補充兩人可以一起創業的另一項原因，就是陳大豪信任陳青正之前的工作經歷與業界資源。「我不敢保證創業會百分之百成功，但是我跟大豪分析這間公司的成功機率，相對會比較高。」

和木相處目前的文創商品有椅子、桌子、香爐、收納盒、茶具、杯墊，耳飾及琉璃沾水筆等。而陳青正之前擔任銷售業務人員時，在免稅商店、各風景區藝品店或伴手禮店等通路上，累積出不少人脈。為了測試和木相處商品的市場接受度，在公司成立前，陳青正就已經拿了一些樣品與他熟悉的通路預先洽談過，獲得極好的回響；免稅商店甚至直言看好這些具有臺灣原住民元素的文創商品。「我告訴大豪，現有的客群都已經談好了。」回憶起去年進行的市場前測，陳青正信心滿滿。

疫情直接衝擊 夢想堅定不移

然而今年第二季Covid-19疫情，打亂了他們原本的布局。來臺灣旅遊的觀光客變少了，國內旅遊活動被限制了，機場免稅商店來客數大幅下滑，許多國內風景區商店生意更是慘淡蕭條。疫情帶來的全球風暴，為這間才起步的新創公司造成最直接的衝擊。

陳大豪嘆口氣說：「原以為疫情是短暫的，沒想到延續這麼久。」而創業這條路本來就不像當個上班族一樣平穩；父母的擔心，朋友的勸退，讓陳大豪一面想著如何因應疫情，一面反覆問著自己：「為什麼不去找份安穩工作就好？為什麼要創業？」

性格中的叛逆因子，加上對使命的堅持，讓他的創業初心愈理愈清晰。創業，為的就是要傳承，為的就是讓更多人知道原民文化；而在創業路上所做的一切努力，不只是為了自己，也是為了夥伴。「就像我教十字繡，如果有一天我不教了，我會為了沒有堅持到最後而難過，因為來學十字繡的人都是跟著我一步一步學習；如果我就這樣子停下來，也會讓他們失望，打擊他們的信心。」而這間公司，是陳大豪夢想的一部份。「如果有一份工作，能夠讓我快樂的去做，同時也讓我在夢想的路上前進，那我現在辛苦一點沒有關係。」

持續精進 做好再躍起的準備

既然實體通路及實體教學因為疫情而停擺，線上

和木相處重點發展歷程

2020年
- 進行商品市場前測
- 和木相處有限公司成立
- 獲武漢金銀湖盃海峽兩岸青年創新創業大賽三等獎
- 參加TASS亞洲永續供應+循環經濟展、高雄國際旅展、亞洲手創展等國際展會
- 參加日光小林大武　歌舞文化節
- 獲高雄市青年局青年創業補助、青創事業行銷補助

2021年
- 參加亞太社會企業創新高峰會
- 參加大武　歌舞文化節
- 獲高雄市青年局青年創業補助、青創事業行銷補助

銷售與網路授課就成了必修的行銷技能。陳大豪直言，無論有沒有疫情出現，現在已經是網路社會，如何在線上商城上架商品、如何直播教學，甚至要不要找網紅合作，這些新的行銷方式都需要學習。此外，AR擴增實境等科技也被運用在商品說明上，消費者只要手機掃描商品，就會出現已翻譯的簡介。如此將有助於外國消費者感受商品的故事與文化意義，進而拓展海外商機。

在財務結構上，他們一方面積極向政府或民間單位申請各項計畫、取得資金挹注，另一方面則思考如何運用壓克力、雞翅木等較實惠的材質進行商品開發，以降低營運成本。這些讓公司撐下去所做的調整，依然保留一定的木料質感與文化特色；而藉由不同素材所做的創意商品，說不定更加生活化，更能被消費者接受。

「疫情剛好也讓我們沈殿一下，做一些專業學習。」在討論商品方向時，陳大豪與陳青正希望公司的商品，能將臺灣共16族原住民的特色圖騰或特別配色全都涵括，但依據目前《原住民族傳統智慧創作保護條例》的規範，每一族均可依法申請登記該族的特色圖騰，以保障族人們流傳下來的智慧文化產權。像達悟族便已將刻在拼板舟上的太陽圖騰申請登記。因此陳大豪便利用疫情帶來的空閒時間，好好研究原民各族的智財權或是圖紋特色，希望能從中找出靈感，在不違反法令的條件下進行創作。

隨著疫情在今年第四季逐步降級解封，和木相處也持續以寄賣或參加市集等方式，希望在臺灣站穩腳步，以合作共存的方式增加品牌及商品曝光。對於外銷市場，他們依舊積極尋找國際展示活動，希望藉此增加外銷機會。面對未來，陳大豪不停為自己加油，陳青正則是相信自己的選擇。堅持與信任，將是帶領他們走出風暴，成功圓夢的重要動能。

陳青正與陳大豪給未來創業家的面試題：

面對世紀疫情來襲，你將如何因應，如何調整心態？

面試題檢測點：

Covid-19疫情的影響是全面的，而創業初期就必須面對世界級風暴，創業者所採取的因應措施與心態上能否堅持，甚至可能面臨「能維持夢想但薪資少」，與「和夢想無關但薪資好」的工作取捨，這些都將考驗創業者對夢想的堅定程度。

膜淨材料｜張旭賢、陳柏瑜

站在巨人肩上
練好經營基本功

膜淨材料小檔案

代表人：張旭賢（右）
共同創辦人：陳柏瑜（左）
獲U-start創新創業計畫108年度補助

地球表面雖70%的面積被水覆蓋，但淡水僅占所有水資源的2.5%，而且受到氣候變遷、環境破壞、人口成長的影響，水資源不如想像中豐沛，地球已經出現缺水、水質惡化的危機。

缺乏乾淨的水源，會導致各種衛生問題，以及瘧疾、腹瀉等疾病。由於這種情形愈來愈嚴重，聯合國將「確保所有人都能享用潔淨水」，列入「2030永續發展目標」（Sustainable Development Goals, SDGs）的17項核心目標之一。同樣地，讓民眾隨時都能喝到乾淨的飲水，也是張旭賢、陳柏瑜創業成立膜淨的目的。

膜淨材料專注於中空纖維產品，切入高技術門檻、高毛利的市場藍海。

淨化水中雜質只須7秒 切入市場藍海

成立於2019年，膜淨為了過濾飲用水所研發、生產的中空纖維過濾薄膜與濾心，以及使用於海水淡化、廢水回收的薄膜蒸餾，在水處理產業鏈裡，位處上游地位。「臺灣的薄膜過濾材料，目前都仰賴進口；膜淨則是臺灣唯一一家研發中空纖維領域中，堅持本地研發、本地製造的上游廠商。」張旭賢指出，進口的薄膜過濾材料，多為價格導向，是低毛利的紅海市場；而膜淨專注於200奈米孔洞至400奈米孔洞之間的中空纖維產品，以高技術門檻，切入高毛利的市場藍海，補強臺灣市場缺口。

到底膜淨的技術有多厲害？目前膜淨的200奈米孔洞中空纖維技術，可以在7秒內淨化水中雜質，而且不需額外加壓、加熱或過電，就能有效隔絕99.9%的細菌和塑膠微粒；同時，濾心流速比市售商品快了3倍，體積相對輕量，方便外出使用。

「我們一直都在做研究，也覺得我們的技術很好，所以就來創業了。」然而就在參加教育部U-start創新創業計畫的第一次審查報告中，評審直言他們欠缺商業模式，沒有找到生存下來的方法；這讓他們受到重擊。「從商業考量來看，公司要如何走進市場、放大營運規模，想辦法賺到錢、活下來，從技術背景出身的我們，在這些方面沒有太多的想像。」陳柏瑜回憶時這麼說。

被評審問到啞口無言，張旭賢、陳柏瑜自此開始好好思考創業這一件事，以及未來公司會遭遇的問題。他們花了將近一年的時間，運用U-start、青創貸款等資源、學習營運基本知識，及取得資金挹注，調整公司經營內容。

走入B2C市場 只為活下去

在創業初期，膜淨很難以單純的薄膜材料商品對接到B2B市場需求；為了讓公司有營收、可以多活幾年，張旭賢和陳柏瑜於是迎合喜歡戶外活動和運動的消費者對於飲水上需要，生產隨身濾水瓶，並進行群眾募資，開始嘗試B2C商業模式。

為了銷售隨身濾水瓶，膜淨的四人團隊花了很多時間做行銷、拍攝影片、處理客服，顯得相當吃力。就在此時，一家國際運動用品品牌看到了這項產品，立即與膜淨洽談獨家合作。

「我們手頭上的資源、錢、人力不多，只要把薄膜材料做好，供應給他們做成產品，他們會比我們更知道客戶在哪裡。」負責公司營運工作的張旭賢，定義這次的合作模式為B2B2C，膜淨站在供應材料的上游定位，以專業技術協助中下游客戶。

張旭賢、陳柏瑜扎根過濾技術近20年，創立膜淨材料後獲獎不斷。

創業絕對是一條辛苦、孤獨的路，
要有心理準備去面對這一切。

要更大膽、更主動、更積極地去接觸市場，
得到對方相對真實的回饋！

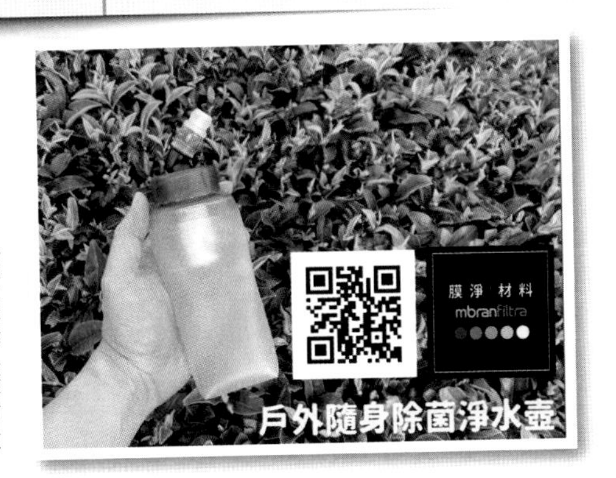

（照片提供／膜淨材料）

走入B2C運動用品市場，膜淨材料找出一線生機。

由於膜淨是水產業的初生之犢，張旭賢考量團隊的營運經驗值低，透過B2B、B2B2C的市場策略，與國際品牌客戶、具有全球市場地位的國內中、下游廠商建立夥伴關係，可以站在巨人肩膀上練兵。以新合作的國際運動用品品牌為例，膜淨為了吃下對方的訂單，增加第二條生產線；另外，針對2022、2023年政府提高製程水回收率的法規，膜淨瞄準工業廢水的處理需求，繼續建置第三條生產線。

友誼之手幕後推動　募金顯見樂觀

要興建自己的工廠與生產線，需要大筆資金。「我覺得籌措資金是一種挑戰，我們得大量跟投資者溝通。」在看待公司營運時，習慣步步為營的張旭賢坦言，膜淨尚未在市場站穩腳步，導致尋找投資人與投資資金的難度極高。

不過，膜淨的技術與產品潛力，悄悄地打開了樂觀的市場前景。「我們運氣很好，U-start是我們的轉捩點，它默默地把膜淨推薦給科技部的FITI創新創業激勵計畫，那是更進階的創業練習，讓我們遇到很多技術類的創投，也拿下FITI兩百萬元臺幣的獎金。」張旭賢至今仍然感謝U-start在背後的助力，讓他們得到FITI的肯定，以及後續經濟部的協助。在串接更多中小企業的業務合作之後，膜淨更有信心地一步步往上走，把市場大網慢慢布開。

很多創業顧問認為，膜淨扎根過濾技術近20年，長久深蹲水產業領域所累積的能量，讓膜淨成立後，可以在短短不到3年的時間，一下就能跳得高。明年膜淨將特地打造了一間研發及檢驗實驗室，為石化、染整業者檢驗廢水。張旭賢說，這些業者往往不清楚自家工廠排放的廢水，到底有哪些污染成分，因此膜淨可以分析檢驗結果，提供業者處理廢水的最佳建議，「他們不見得都要用我們的過濾技術，我們也可以找一家好的中下游廠商，介紹給他們。」

膜淨材料重點發展歷程

- 2019年
  - 膜淨材料股份有限公司成立
- 2020年
  - 桃園龍潭廠房開工，第一條生產線營運
  - 成為水利署薄膜技術產業聯盟初始業界成員
  - 獲經濟部第19屆創新事業獎—微型事業組金質獎
  - 獲第17屆國家創新獎—初創企業獎（特化材料與應用生技類）
  - 獲科技部FITI創新創業激勵計畫創業傑出獎及200萬元獎金
- 2021年
  - 隨身濾心產品開始銷售
  - 建置快速封裝設備
  - 與射出製造廠商建立合作平臺
  - 成立研發及檢驗實驗室
  - 針對家用、商用過濾市場建置第二、第三條生產線
  - 設立第一套薄膜蒸餾系統

疫情更讓人重視健康 為業績加分

其實，這是相輔相成的合作關係；也就是膜淨服務好中游廠商，讓中游廠商接續服務下游廠商，下游廠商往下服務終端的企業顧客。滿足對方需求、贏得口碑後，大家就會回過頭來指定使用膜淨的材料。

最近，陳柏瑜在外面跑業務，向客戶介紹膜淨的技術，不到一分鐘時間，對方馬上表達要測試產品。「大家不會再懷疑膜淨的技術，尤其是疫情出現後，民眾重視防疫，更在乎飲用水的安全，這對膜淨的業績帶來加分。」張旭賢強調。

目前，膜淨雖然守住產業鏈上游供應者的定位，但仍然保有做品牌的思維。張旭賢認為，做B2C很難，但他們仍然想做品牌，只不過是念頭沒有創業時那樣強烈。現階段會從品牌insight（消費者洞察）出發，像是淨水器、過濾器使用膜淨的薄膜，膜淨會把規格、品質做好，讓膜淨的品牌自然內化。

在臺灣做品牌，不能太急躁；很多新創公司無法為繼的原因，就是執意堅持做品牌。但膜淨先不走困難的品牌之路，團隊的工作排程還有很多重要任務，包括從去年到今年的創業比賽、擴充生產線、天使輪提案增資計畫，以及明年的模廠測試等，正如火如荼地進行。

膜淨材料的過濾技術，7秒就能濾淨一杯水。

市場競爭永遠激烈、不曾風平浪靜，膜淨成立之初，曾經遭遇同業打壓。然而經營團隊不會因為一時的陰霾，而忘記陰霾背後的陽光！負責為客戶開發產品的陳柏瑜，期待膜淨與國際運動用品品牌合作後，打出膜淨材料的市場口碑，吸引更多客戶找上門，發展更多的業務。

為兩年後的大躍進做好準備

「我很確定大後年（2023年）應該是膜淨大躍進的一年！」有鑒於公司未來的營運需要，年過40的張旭賢重回校園，攻讀EiMBA，了解企業個案、建立人脈，學習最新與時俱進的經營思維、市場策略。

張旭賢補充說，膜淨現階段的市場操作，類似富胖達（foodpanda）、睿能創意（Gogoro），「foodpanda先從餐飲外送做起，現在要發展純物流服務；Gogoro做電動機車後，成立智慧型電池交換平臺。」而膜淨則從B2B2C、隨身濾水瓶，做到被大家看見後，往回攻入工業客群領域；等同業意識到、要急起直追時，已經太晚了。「我們不是他們輕易可以打敗的對象。」張旭賢十分自信地說。

張旭賢給未來創業家的面試題：
你為何要創業？

面試題檢測點：
創業，非常需要熱情，是重中之重的因素；如果沒有熱情，就無法對抗創業的孤獨。從對方的回答中，可以看出他們對自己從事的產業有沒有熱情。

陳柏瑜給未來創業家的面試題：
你創業的願景是什麼？

面試題檢測點：
讓創業者可以提早思考這些問題，尤其是當他們走在創業的路上，開始經營一家公司後，將會去想未來的願景，並進一步驅動團隊實踐共同的夢想。

樂灣國際｜何佳霖

通過失敗試煉
讓自己更強大

樂灣國際小檔案

代表人：何佳霖（左）
共同創辦人：李坤陽（右）
獲U-start創新創業計畫98年度補助

因為別人的一句玩笑話，何佳霖與研究所同學李坤陽，毫不猶豫地選擇創業，而且一做就做了超過十年。

從臺灣大學國際企業學系畢業，何佳霖先進入廣告公司工作兩年，然後再考入位於嘉義的中正大學企業管理系碩士班，攻讀碩士學位。那時是她第一次長期離開臺北，來到北回歸線經過的嘉義，展開兩年的就學生活。

都會女孩的農業夢 就是要年輕又時髦

每天來往學校與宿舍的路上，何佳霖飽覽稻穗圍繞、地平線被夕陽染成橘紅色的農村美景，開始認識被土地滋長的農作物，了解臺灣這片土地的美好。「我也喜歡看日本節目『料理東西軍』，裡面的農夫能種出售價一顆一萬元的哈密瓜，或是以職人精神養出名貴的黑毛豬，塑造出成功的在地農業品牌，實在是太厲害了！」原本這個離農業很遠的臺北女孩，就此愛上了臺灣農產品。

同時，她的同班同學李坤陽，在生技公司打工，被老闆不經心地問了一句：「你學企管的，怎麼不嘗試做品牌？」於是，沒有農業背景，又是生技門外漢的兩人，決定創業做「MIT農產保養品」。

在何佳霖的想法中，國人每天都一定會吃到臺灣在地出產的農業食材，但是這些食材除了食用外，應該還可以做有趣又好玩的應用，「所以我們想做的是，讓六、七年級生覺得臺灣農產品，也可以很年輕、很時髦、很貼近我們的生活。」

23.5˚N北緯研製是國內首創結合傳統農業與現代美妝的農妝品品牌。

天真的熱情，是當時創業最大的禮物，
謝謝自己有這樣的熱情支持到現在。

當時，「掌生穀粒」、「在欉紅」的臺灣文創品牌，已經運用在地農業的風土條件與飲食文化，加值臺灣優質稻米與水果。然而，何佳霖認為，這些農產品如果能做成肌膚保養品，將會有更廣的流通性，而且更容易銷往海外市場。

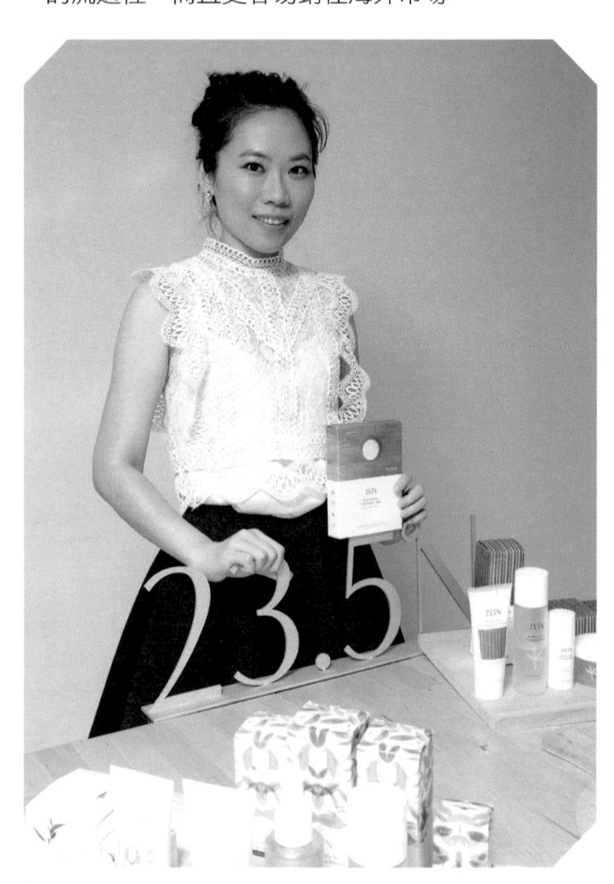

明確的品牌定位，才能在市場中站穩腳步。

傳統與現代結合 不停Trial and Error

2009年，何佳霖、李坤陽在中正大學育成中心及U-start創新創業計畫的協助下，創立樂灣國際，以「天然、在地」的定位，打造臺灣農產保養品牌「23.5˚N北緯研製」，成為國內首創結合傳統農業與現代美妝的農妝品品牌。

23.5˚N強調使用臺灣農業的植物原料，配方單純，沒有添加人工香精、酒精及增色添加物，走「綠色美容、潔淨美容」的產品路線。因此，何佳霖必須向代工生產保養品的生技工廠，討教以前最討厭、成績最差的化學，來了解原物料的特性和質地的變化。

在國內美妝保養品被歐美壟斷的紅海市場裡，樂灣要如何挑選產品的主題？何佳霖說，23.5˚N一開始推出東方美人茶、紅薏仁、酪梨、桂竹四大植萃精華液系列；其中，用於保濕的桂竹水原料，原本的氣味青澀，並不討喜，而東方美人茶、紅薏仁、酪梨的天然色澤，會從淺變深，不容易被保留。「我們選擇的臺灣農產題材比較特別，等於是自己必須開發原料，不斷地try and

「綠色美容、潔淨美容」是23.5˚N的產品路線。

error（嘗試與錯誤），從眾多的臺灣作物裡，找出適合開發的種類。」

那時臺灣MIT風潮剛起，民眾對於MIT商品產生信任度，使得23.5˚N的產品推上網路銷售，得到不少消費者的好評。

MIT與電商2.0興起 暫時站穩腳步

何佳霖分析樂灣初期可以順利存活的原因，一是搭上MIT風潮，其次則是在那時的電商2.0時代，網路媒體推播產品的廣告費用，相較於現在，非常划算、很佛心。以當時無名小站一則部落客業配文為例，價格落在兩、三千元至一萬元不等，讓樂灣能以最少的行銷花費進入電商。

雖然，當下進入電商的門檻不高，但何佳霖深知23.5˚N強調東方特色的保養品，並非是劃時代、突破性的生產技術，而且在很成熟的美妝保養產業裡，樂灣一定要用明確的品牌定位，跟市場競爭。

「我們從零做起，很喜歡這種創造品牌、生產產品的過程。」一切從無到有的成就感，驅動著何佳霖、李坤陽拚創業，甚至連初期樂灣一個月賣不到兩萬元的營業額，都未曾擊倒過他們。何佳霖說，在創業初期，她沒有一個月22K的薪水，但始終保持天真的想法，認為創業是一個很有趣的主意。

然而，隨著樂灣逐漸成長，何佳霖與李坤陽面對更多的營運難題。「我覺得錢與人的問題，不管在哪一個經營階段，都會以不同形式出現。」何佳霖強調，她至今仍在學習組織內部的人力資源管理，包括學會如何跟員工談薪水、怎樣才能留住優秀人才、思考公司需要一位管理者還是一群執行者等。

公司管理與產業競爭 永遠在學習

至於來自組織外部的挑戰，亦是不斷湧來。「我不到40歲，算是年輕的管理者，管理經驗比起前輩是遠遠不足，在產業競爭、市場與定價策略、顧客管理等議題上，還在摸索中。因為我們每次遭遇的難題不同，解決方式也不一樣，至今沒有成功標竿的經驗可以參考，都在處理新的狀況題。」何佳霖指出。

「找資金」一直是新創公司的關鍵課題。樂灣透過U-start、銀行融資、創投募資，以及親友的挹注，獲得支持營運的資金。「不過，我覺得花錢比想像中的難！要把錢花在正確的時間與刀口上，最困難，因為不知道投入的資金，能不能百分百回收。」何佳霖說，資金的運用不僅只有花錢的困難，還要學習「不花錢」，懂得拒絕某些「看似」大好機會的誘惑，「如果不小心投資了這些機會，反而讓公司空轉，白白錯過好幾年的商機。」

樂灣國際重點發展歷程

- 2009年
  - 樂灣國際股份有限公司成立
  - 首波商品上市
- 2011年
  - 獲@cosme美妝評鑑上半年度大賞、年度美容大賞
- 2012年
  - 獲經濟部新創事業獎－銀質獎
  - 獲科技農企業菁創獎－科技應用類
- 2012-2015年
  - 連續三屆獲得《數位時代》人氣賣家100強
- 2016年
  - 獲外貿協會臺灣美妝品牌聯盟優選廠商
  - 於東南亞星馬地區拓銷品牌代理
- 2018年
  - 入選海外美妝雜誌MEGA BEAUTY AWARDS
  - 獲臺北市亮點企業獎－品牌領航獎

例如在2012年至2015年，樂灣為了增加收入來源，開始發展線下的實體生意，並進軍某家連鎖美妝大型通路。「那是最錯誤的判斷、最吃力的選擇；沒有做好評估，我們的資源沒有對接那家通路。」何佳霖坦言，樂灣被昂貴的上架費、長達120天的貨款交期、無法跟上銷售進度的行銷資源、龐大的週轉壓力，壓得喘不過來。

從失敗中學習 踏出務實的經營步伐

那次失敗的經驗，讓樂灣深刻了解自己在準備不足、能力不夠之下，多角化經營對於企業反而是內外消耗；不管是電商還是實體生意，出現的很多狀況，並非想像中那樣簡單因應。「摔跤，才是里程碑。唯有失敗，才會讓自己知道這條路不可行。」何佳霖直言，這雖然是磨練自己經營公司的蠢方法，但能學到聚焦這件事，能決定什麼要做，什麼不要做。

所以，樂灣更謹慎評估每個經營的步伐，像是有

10個小型通路可供選擇，何佳霖就只選其中兩個通路，投入後勤的人力、時間與資源，把它們做大，反而容易獲得「投一得十」的效果。

她強調，複製別人成功的模式很困難，但失敗經驗可以教她：別把目標放得那麼大。「我們前三年經營的很順利，導致把自己放得很大，但線下做美妝通路的失敗經驗，狠狠地踩了我們一腳，自此我們才會學到創業更寶貴的經驗與知識。」

樂灣先立足臺灣市場，接著南向前進東南亞，進入全球競爭的賽道上，拓銷海外商機。何佳霖說，東南亞近年流行綠色美容，使得23.5˚N產品獲得切入當地華人市場的機會，目前在香港、新加坡、馬來西亞，都有代理商、經銷商協助樂灣出貨。

跨出臺灣　與國際強敵正面交鋒

不過，來勢洶洶的韓國美妝勁敵，在東南亞市場以品牌力、零關稅的優勢，攻城掠地，讓樂灣嚴陣以待。「我們從使用者角度出發，跟當地消費者強調23.5˚N的產品質地清爽，適合在潮濕悶熱的氣候使用，不會像韓國、日本產品較為厚重滋養。」何佳霖說。

跨出臺灣、逐鹿全球，何佳霖認為國際市場很值得臺灣美妝業者去開發，「臺灣製造業很厲害，有500多家大大小小的生技公司，幫國際品牌代工。但可惜的是，臺灣技術層面成熟，但品牌發展卻沒有那樣超前，天花板還在那邊。」

美妝市場競爭非常激烈，複製競爭對手的商品與通路，隨時可見。然而歷經多次迎難而上的樂灣，不跟隨複製他人，堅信從自己的失敗經驗中，可以發掘通往成功的關鍵點。

何佳霖給未來創業家的面試題：
你遇到最好的挫折是什麼？

面試題檢測點：
失敗的經驗，能帶來很棒的學習，所以別害怕失敗。尤其是二十多歲的年輕人，在沒有包袱時，可以學習擁抱失敗，以失敗為師，將失敗視為成功的寶貴經驗，切記自己是如何搞砸的，不要犯同樣的錯。

合創生物資源｜王睿豐

堅持初心
支持自己走下去

合創生物資源小檔案

代表人：王睿豐

獲U-start創新創業計畫107年度補助

膠原蛋白是讓皮膚與肌肉充滿彈性的主要成分。隨著年齡增加，人體的膠原蛋白必須適時補充，才能讓皮膚與肌肉保持彈力；而補充方式，不外乎多吃豬皮、魚皮、豬腳等食物。近年來，從魚鱗萃取出的「魚鱗膠原蛋白」，因結構分子較小，不含人畜共通傳染病源等優點，於是成為高階保養品及高價保健機能食品的主流。

魚鱗膠原珍珠
讓所有人買得起，吃得到

但王睿豐決定以魚鱗膠原蛋白為創業標的時，並不想以金字塔頂端的高階市場為主，而是希望做成大眾食品，讓所有人不用花大錢就能吃到高品質的膠原蛋白——放在「國民飲料」珍珠奶茶中、咀嚼有勁的「魚鱗膠原珍珠」因此誕生。

為什麼王睿豐有這樣高的理想性？他謙虛地表示，「魚鱗膠原珍珠」的研發，以及利用這個產品服務大眾的社會關懷理念，來自於他在研究所的指導老師——國立高雄科技大學水產食品科學系教授蔡美玲；「我是把蔡老師的想法拿來進行創業的幸運兒。」

創業的火花往往倏忽一閃，在腦海中出現。當時19、20歲、還是個水食系大學生的王睿豐，進入水產食品加工廠實習後，覺得生產線上的受僱工作很乏味，突然有了創業的念頭。與此同時，蔡美玲也在思考魚鱗中的膠原蛋白，除了可以發展成胜肽樣態的保健機能食品之外，還能不能做出其他價格相對便宜，又沒有腥味的膠原蛋白食品，同時讓消費者看得到、吃得到魚鱗。

魚鱗膠原蛋白做成的膠原珍珠，創造新的平民經濟價值。

王睿豐（中）師承國立高雄科技大學水產食品科學系教授蔡美玲（右），並在國立高雄科技大學海洋育成中心專任經理李晏儀（左）協助下，成就創業夢想。

口感佳、備料快 具市場優勢

「魚鱗膠原蛋白做成的保健食品售價高，只有收入相對好的人才能常常購買。於是我跟學生說，我們是不是可以研發出在日常生活中，就可以攝取到膠原蛋白的食品，讓消費者不用花太多錢買。」看著一顆顆黑透晶亮的粉圓，隨著珍珠奶茶席捲全球飲料市場，成為臺灣大賺外匯的輸出食材，蔡美玲便帶領著包括王睿豐在內的學生研發團隊，嘗試從水產養殖的臺灣鯛、金目鱸、龍膽石斑取下魚鱗，以「加工副產物再利用」技術，重新製成膠原蛋白液和膠原珍珠，為魚鱗在高價保健食品之外，創造新的平民經濟價值。

魚鱗膠原珍珠質地Q彈，包在裡面的魚鱗卻相當爽脆，咀嚼時口感層次豐富；只需3至5分鐘即可煮熟、可以快速供給的特色，讓店家可以賣多少就煮多少。與傳統粉圓製作時至少煮上30至40分鐘、需專人顧守爐火、有時怕供應不及而過度備料等情況相比，使用膠原珍珠，可以節省食材、瓦斯與人力；這些優點讓王睿豐更有信心投入創業，並且十分看好它在國內、外市場的銷售潛力。

「它的主要成分很簡單，只有樹薯粉、魚鱗、水與糖，完全沒有修飾澱粉、防腐劑、香料等添加物，很適合婦幼族群食用。」王睿豐強調，雖然膠原珍珠不適合常溫保存，必須以冷鏈貯運，售價比傳

要感恩眼前的一切，以及一路上所有幫助你的人，
更不要忘記做無添加食品的初心。

統粉圓貴1.5倍，但是能為飲品店家節省人力、時間、瓦斯費用，再加上及時供應的特點，反而能有助於提升來客數，進而獲得更高的利潤。

三個人的合作 變成一個人的武林

在確實掌握膠原珍珠的生產技術與配方、確認產品的市場定位後，王睿豐經由高科大海洋育成中心的協助，於2018年成立合創生物資源。從學生一下子變成企業老闆，在面臨缺經驗、缺資源、缺人脈的現實下，高科大海洋育成中心給予王睿豐強力的支持。舉凡創業計畫撰寫、取得資金挹注、規劃營運內容、鏈結往來企業等新創公司建立時必備的所有事項，王睿豐都在育成中心專任經理李晏儀的陪伴中一一完成。

公司成立之後，立即面臨人事異動的巨大挑戰；原為團隊夥伴的學長及學妹，因個人職涯規劃及學業因素，陸續分道揚鑣。王睿豐當時覺得，「過去一直有人與你一起做決定，現在卻必須自己承擔這些事情，偶爾也會質疑自己能否做得了決策，擔心自己做得對不對。」 但他並沒有在這樣的壓力下放棄，心裡反而更明白：若不能挺過眼前的挑戰，未來又將如何去面對接踵而來的更多營運難題？

王睿豐參與新創資金媒合會，爭取更多資源挹注。

其實，挑戰也是一種學習！王睿豐調適自己，努力排解孤單感、無力感、受挫感，意志堅定地扛下合創。「我看他做得很辛苦，很心疼他，但也很欣喜他有這樣的創業堅持。」蔡美玲談起王睿豐這位門生，口氣裡盡是不捨得與疼惜。然而一旦心理素質被強化後，遇到挑戰時，就能保持堅韌的表現，懂得冷靜、評估狀況、重構想法、做出更聰明的決策。

王睿豐在高雄食品展中，向民眾介紹膠原珍珠的特色。

參展越南形象展，合創希望能將市場拓展到越南。

以強化後的心理素質 面對國際談判

有一回，供應日本甲子園飲品原物料的日商，找上合創洽談膠原珍珠的供應。日方由董事長帶領總經理、廠長、法律顧問、翻譯的大陣仗，與王睿豐面對面洽談。

「這是我第一個碰到的國際案子，要當場馬上決定價格、供給量、交期、船運費、聯絡窗口等細節。」由於珍奶當時在日本境內掀起一波熱潮，市場供給趨近於飽和，王睿豐立即告知自己要冷靜判斷。王睿豐也表示，這一次商談會議，讓他學到不少寶貴的談判經驗，「我不能顯得猶豫不決，讓對方覺得我無法做決策，打壞他們對合創的觀感。所以，我當下便想辦法說服對方，並表明對此保持觀望之態度，但我相信膠原珍珠對國際市場具有吸引力，日後或許還有更多合作機會。」

目前合創除了將膠原珍珠從平民飲品，拓展到國內高價飲料店客群外，也利用獨步的生產技術，協助客戶開發客製化的粉圓新品。像是日前為素食餐飲業者所開發的「銀耳粉圓」，便獲得顧客好評。而隨著訂單量逐日增加，合創對於生產線

合創生物資源重點發展歷程

2016年	執行藍色智慧生活整合性人才培育計畫，促使創業團隊組成及產品發想
2017年	研發膠原珍珠最佳配方
	結合自動化機械大量生產
	獲得海洋三創競賽技術創業組第一名
	107年度U-START 創新創業計畫
2018年	合創生物資源有限公司正式成立

的擴增，也更加急切。因此王睿豐透過育成中心的媒合，找到機械系老師開發加工機械，增加生產設備，先進入半自動化生產製程。未來則將嘗試建立品牌，瞄準宅經濟，推出膠原珍珠的家庭小包裝，並鋪貨到合作店家與開架式通路。

創業就像馬拉松 慢慢跑、勇敢做

另外，創業隔年曾到越南參展的王睿豐，還想把膠原珍珠推廣到東南亞的回教市場。回教民眾不能吃豬，魚鱗做的膠原蛋白原料，便有機會在當地市場中取代豬皮，成為補充食品。「這是一個久遠的規劃，我個人比較保守、走得比較慢，老師（蔡美玲）建議我，現在先把所有力量放在同一個點上，顧好生產端；新產品的推廣與行銷，可以交給別人去做。」

王睿豐形容市場就像一面大鼓，如果力量分散四處拍打，發出的聲音便會低沉無力；但若是力量集中奮力一擊，發出的將會是洪亮震耳的巨響。「我們走得很慢，現階段走一步算一步，不要跌倒就好。」

不好高騖遠的他，審酌公司的營運能量，老老實實、一步一腳印地前進。他認為，創業是一種展現自我價值的事，過程一定會有失落，但決定了方向，就勇敢去做，「不要判斷對或錯，因為當下不會知道結果是好或不好，過程中遇到問題，就努力克服它，或許會有不一樣的收穫。」

創業至今已經3年，王睿豐一面經營公司、一面攻讀研究所。事業與課業雖然兩頭燒，但他並不放棄任何一方，因為他認為創業是一個應用場域；在這個場域中，他可以徹底實踐應用學校所學到的高階技術與邏輯思維。「這條路很長，要走多遠，我也不知道。但是唯有為自己付出、累積技能，才能把自己推得更前面，走得夠遠。」

王睿豐將創業比喻為馬拉松，他很幸運地獲得老師、育成中心的支持與支援，才能邁步開跑。而往後的路途上，他不僅要學會與自己對話，還要繼續支持自己，勇敢跑下去。

王睿豐給未來創業家的面試題：

你未來人生的規劃目標是什麼？

面試題檢測點：

當一個人有了目標、方向後，會在每一個人生階段，有自己想要完成的事情。這樣的人在前行創業之路時，也會排除眼前遭遇的所有困難，達成自己想要的結果。

索驥創意｜高宏傑

勇於轉型
煉出企業新價值

索驥創意小檔案

代表人：高宏傑
共同創辦人：黃文孝、曾友志
獲U-start創新創業計畫98年度補助

創立公司後，在13年內啟動4次轉型，逆勢突圍，這對索驥創意科技共同創辦人高宏傑、黃文孝、曾友志來講，是不曾間斷的進行式。

中壯年創業 資歷不見得加分

這3個人原是國立交通大學（現更名為陽明交通大學）EMBA的同班同學，在一堂高科技創業的課程上，為了寫好營運計畫書的作業，一起參加了Google為推廣Android作業系統而舉辦的Android Competition比賽，因而加入創業的行列。

「我們寫出來的Android應用程式得獎了，就往創業方向走。」當時平均30歲出頭的3人，毅然辭掉竹科、外商的工作，一起集資500萬元臺幣成立索驥，並接受教育部青年發展署U-start創新創業計畫的輔導。

「比起其他學生新創團隊，我們年紀比較大，也有工作經驗。但是這些工作經驗，對創業沒太大幫助，有時反而是扣分。」高宏傑直言，過去他們受雇於擅長打組織戰的企業，習慣團隊分工、高效率工作的模式，「但創業不一樣，通通都要自己來，沒人會幫你，而且工作時間會被拉長，常常處在『挫折狀態』。」

此外，中壯年創業的他們，因為社會閱歷多了，心裡都有「我執」，對於經營公司各有想法與意見；總是要收斂到方向一致，才能讓公司順利運作。高宏傑說，他們3人之間就是不斷重複「衝

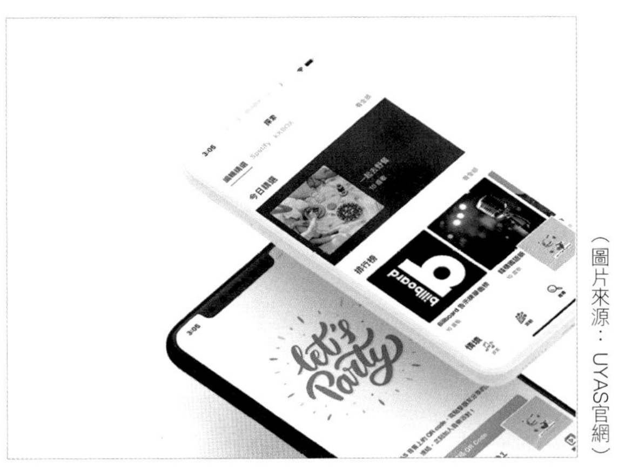

（圖片來源：UYAS官網）

「UYAS Play頑　音響」可以透過手機整合熱門串流音樂。

創業難、轉型難，創業同時轉型，難上加難，

一定要趕快找到活下去的商業模式。

「Timely.tv電視精靈」APP曾達100多萬人使用，但因國內電視自製節目式微而停止更新。

撞、妥協」的溝通過程，大家一直磨合；「不過，我們都知道錢最重要。公司可以少賺一點錢，但不能沒有錢，所以大家最後拋開理想性，很務實地要找到方法、賺到錢，讓公司活下去。」

從手機社群中找出轉型機會

起初，索驥的營業目標鎖定智慧型手機社群APP的開發，但是這一門事業沒有他們想像中的容易。「2008年的時候，頻寬網路貴得要命，市面上的智慧型手機不多，大家沒有社群概念，所以我們做社群APP做得很累，公司也活不下去！」結果，在不到一年半的時間，高宏傑與兩位創業夥伴燒光了資金，困境浮現，於是他們啟動第一次轉型，開發APP韌體，另闢出路。

「臺灣廠商都需要軟體，但他們都不會做，所以我們開始接軟體開發案。當時，有做IoT（物聯網）產品的廠商，幾乎都是我們的客戶。」高宏傑指出，索驥在這個階段做的是軟體代工，可是客戶普遍「重硬輕軟」，認為硬體才重要、軟體不值錢，「甚至還有廠商想找我們合作，竟然要我們無償提供技術給他們；當他們每賣出一件產品，就給我們抽成。但是我們很難知道他們到底賣了多少產品，這會導致我們很難收款。」

面對廠商不重視軟體的附加價值，加上時不時出現的殺價、賴帳，索驥在生意難做之下，再度啟動轉型，改做「Timely.tv電視精靈」的營運服務。

高宏傑解釋，電視精靈是將手機、平板變成「電視第二螢幕」的社群互動APP。使用者觀看電視節目的同時，打開「Timely.tv電視精靈」APP，手機或平板會即時跳出與該節目內容、播出廣告

代工開發智慧家庭的雲端系統、APP等軟體，是索驥啟動的第三次轉型。

有關的趣味提問，答對了就能獲得折價券，藉此吸引使用者收看該節目，到了廣告時間也不轉臺。如此一來可以提升使用者對於整個節目時段的黏著度，拉高節目與該時段廣告的收視率；廣告時段收視率高，電視臺收取的廣告費自然會上漲。索驥以此機制，事先與電視臺洽談合作，並以廣告費分潤做為獲利來源。

站穩步伐後 重回自由的創新夢想

這個APP使用人數最高峰時多達100萬人，但在APP推出後一年，臺灣的電視臺為了節省營運成本，開始採購外製節目，進而壓縮自製節目的生存空間，導致自製節目一個一個消失。「製作單位手上沒有自製節目，外購中國、韓國等地節目無限次重覆播放，讓我們的收入一夕銳減。」高宏傑感嘆地說。

眼見困境當前，於是索驥展開第三次轉型，瞄準當時走紅的智慧家庭產品，代工開發智慧家庭的雲端系統、APP等軟體。智慧家庭產品的特色，在於不止硬體須達到一定規格，還需靠軟體串接起家庭情境中會使用到的各項功能；這些軟體必須不斷更新，才能使硬體展現最好的效能。「智慧家庭產品是由軟體建立使用功能，再帶動硬體的實際使用，它的獲利重點是在『賣服務』，現金流從軟體產生。這個模式滿適合索驥來做。」高宏傑強調。

代工，是無聲低調、默默做的事業，全由客戶主導，雖然能賺錢圖溫飽，但也失去創新的自由與夢想。「人就是不甘寂寞，我們反省自己為何要出來創業？就覺得沒有很想繼續做代工。」高宏傑說出他們3人的心聲。

於是，轉型的開關，再度被按下，把索驥推向新事業領域：智慧音箱。

搶入智慧喇叭市場 卻遇供應鏈挑戰

高宏傑指出，索驥曾與高通合作設計Wi-Fi智慧喇叭，發現智慧喇叭市場的胃納量、毛利都很高，卻沒有規模具絕對優勢的廠商，而且這個產業進步幅度極慢，廠商很安逸，尚未遇到被迫轉型的狀況。因此索驥決定切入這個市場，研發、製造整合熱門串流音樂的智慧音響，推出自有品牌的「UYAS Play頑 音響」。

（圖片來源：UYAS FB專頁）

索驥推出自有品牌「UYAS Play頑　音響」，其造型亦獲2018年金點設計獎年度最佳設計。

索驥創意重點發展歷程

2008年	索驥創意科技股份有限公司成立
2009年	獲選資策會Web 2.0計畫育成團隊
2010年	獲選交大育成中心年度績優育成廠商
2011年	推出eClassroom solution，並獲臺北市國中小採用
2012年	獲選《數位時代》創業之星NeoStar
2013年	獲中華電信「電信創新應用大賽」社會組亞軍
2014年	再度獲選交大育成中心年度績優育成廠商
2018年	自創品牌「UYAS Play 頑.音響」獲金點設計獎年度最佳設計獎

就在索驥開出智慧音響的生產專案後，智慧音響的風潮瞬間炸開了，Amazon Echo、Google Home、Apple HomePod……，一個接著一個出貨搶市。高宏傑苦笑說，這代表索驥也選對了題目，跟上主流。

從研發軟體，進入軟硬體整合的製造與銷售，索驥迎來一連串的挑戰，包括尋找零組件的供應商、組裝的生產廠商、做群眾募資、規劃線上、線下的通路與海外代理等。由於索驥產品量少，加上不熟悉中國紅色供應鏈，所以他們找臺商代工生產，「但是我們的產品對他們來講，都太新了，他們不會做。所以，變成我們自己找不同零組件的供應商，再把他們供應的零組件移交給生產商組裝。這樣的模式造成很多困擾！」高宏傑說。

負責組裝的廠商是業界規模最大的廠商，他們想利用與索驪合作的機會，幫自己練兵、升級，而索驪則是期待從對方身上學到製造音響的專業知識；但最後雙方事與願違。現實的狀況是：組裝廠商的生產線，害怕沒有能力做好這款高科技音響，於是一直拖延出貨；加上索驪訂單數量規模小，更是永遠排不上優先出貨名單。可想而知，供應鏈管理不佳、出貨不穩定，導致索驪失去掌握市場能見度與話題性的最佳時機。

高宏傑指出，索驪做過一次成功的群眾募資，結果卻讓消費者等了一年多，才收到產品，「我們不斷地道歉、送禮物給消費者，感謝他們不離不棄，願意等我們的音響。」

勇於面對　從困境中轉型找生機

索驪了解到企業的品牌與形象建立不易，因此在考量與供應商之間的合作時，「價格最便宜」並不是評估重點；彼此規模是否相當、是否會把索驪講的每一句話聽進去，並且全心全意地完成出貨，才是他們重視的。除了供應鏈的考驗，在疫後建立的新世界，索驪也必須滾動評估、及時預見風險，才能在風險發生當下，展現韌性、快速應變。

Covid-19疫情來襲之前，索驪原本找好日本、新加坡代理商，準備攻入當地零售市場，「但即使過了一年，海外市場還是動彈不得。同時，我們也在觀察國內零售市場歷經本土疫情後，能不能穩定走向復甦。」高宏傑透露，全球疫情至今仍未有效解決，如果索驪無法打開海外零售市場，國內疫後消費動能無法大幅回升的話，公司內部開始討論是否要進行第五次的轉型。

為了企業的永續經營，索驪勇於轉型，累積從困難中快速恢復的能力，提升營運韌性。面對未來，他們將在變化快速的環境中，找出生機。

高宏傑給未來創業家的面試題：

你有認真寫營運計畫書嗎？從營運計畫書裡面，你學到了什麼？

面試題檢測點：

我認為營運計畫書趕不上市場快速變化，創業不可能按照營運計畫書去做。但是創業者仍要認真寫營運計畫書，可以檢視自己所掌握的市場、成本風險等商業模式，合不合理。

嘉登生技｜楊宗穎

研發救命新藥
視回饋社會為己任

嘉登生技小檔案

代表人：楊宗穎（左）
共同創辦人：吳佳霖、高俐婷（右）
獲U-start創新創業計畫109年度補助

為了拯救生命，人類發明了抗生素，擊退導致病因、奪命無數的細菌。但是濫用抗生素的結果，卻造成細菌產生抗藥性，使有些抗生素因此失靈，完全治不了細菌。而這些攜帶多種抗藥性基因的細菌，種類愈來愈多，進攻醫院診所，對病菌抵抗力低的體弱病人，帶來生命威脅。

「我的外婆得胃癌，手術兩天後因為敗血症就走了。」高雄醫學大學醫學檢驗生物技術學系博士楊宗穎說，醫院存在著各式各樣的細菌，伺機感染院內的每一個人，尤其是住院病人感染了抗藥性細菌，在多數抗生素已經無法殺死細菌的情況下，常會併發多重器官衰竭的敗血症，最快在2至3天內就會死亡。

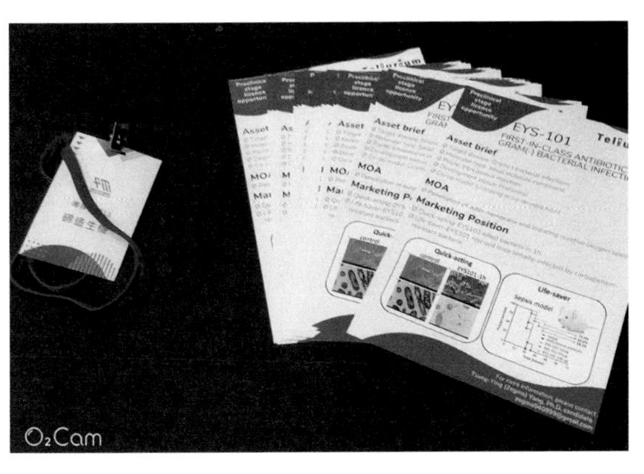

公司尚未成立前，楊宗穎等三人加新創展會活動時，為介紹抗生素新藥所做的簡介。

細菌的抗藥性 醫學界的治療難題

需要抗生素治病的時候，抗生素卻對付不了已經有抗藥性的細菌，是目前全球臨床醫學界最頭痛棘手的問題之一。楊宗穎表示，依據藥效與副作用「從弱到強」來區分，抗生素治療用藥分為四線；通常醫師一開始會以第二線用藥來治療院內感染的病人，如果第二線抗生素治療無效，則會繼續使用第三線藥物。「第三線很關鍵，一旦它失效了，就只剩第四線。假使第四線還是無法控制感染，就會無藥可用。」他沈重地說。

因此，若細菌對於第三線抗生素：碳青黴素（Carbapenem）產生抗藥性，對於人體的健康威脅將會十分嚴重。這些有抗藥性細菌包括：鮑

楊宗穎（圖左左二、圖右）、吳佳霖（圖左右一）、高俐婷（圖左左一）先以「碲造生機」團隊之名參加會展，推廣新藥研發觀念。

氏不動桿菌、綠膿桿菌、肺炎克雷白氏桿菌、大腸桿菌等，而且能消滅它們的藥物漸漸減少。

楊宗穎表示，臺灣每隔幾年會調查碳青黴素抗藥性細菌的分布，是否有範圍擴大、易於散播等趨勢，「如果這類細菌產生抗藥性的速度愈來愈快，就是一種警示；尤其它們在歐洲部分國家及中國的醫院傳播快速，具有高致死率，這將成為令人擔憂的醫學危機。」所以，世界衛生組織（WHO）大聲疾呼需要新興藥物投入，以解決碳青黴素的抗藥性問題。

研發足以技轉的專利技術 為人類謀福

「我跟我的老師（高醫教授曾嵩斌），都遇到親人被抗藥性細菌快速帶走生命的遺憾。」因此，楊宗穎在老師的支持與鼓勵下，與高醫同窗吳佳霖、研究生物藥學的太太高俐婷，於2019年組成「碲造生機」團隊，針對碳青黴素抗藥性細菌的研究議題，希望開發出能有效治療的專利新藥，貢獻全球人類。

隔年，他們進一步成立嘉登生技，進駐高醫創新育成中心，並獲得教育部青年署U-start創新創業計畫、科技部FITI創新創業激勵計畫提供的資金與資源，正式邁入創業軌道。

楊宗穎認為，在學界埋頭苦做新藥開發的研究，做得再久、做得再多，都是紙上談兵，頂多是申請專利放在學校，然後無人聞問。他進一步強

走在正確的道路上，所有付出的努力，
總有一天都會有回收，但是你必須堅持。

調，「臺灣不是新藥研發大國，大藥廠不會重視臺灣的新藥專利。所以，我們必須開發出可以進行人體臨床實驗的藥物，再賣給其他藥廠接手，才能把我們成果回饋到社會。」

抗生素新藥利潤少　募資充滿困難

其實，嘉登選擇開發抗生素新藥，是充滿挑戰性的道路。楊宗穎坦言，在全球藥物中，慢性病、癌症藥物的產值最高，光是全球用量第一名的癌症用藥，在2020年即帶來接近500億美元的產值；相較之下，雖然抗生素藥品市場極大，但第四線用藥的年產值僅達10億美元而已。「抗生素市場需要新藥物，但站在投資方想要獲利的立場，他們會認為不如投資在慢性病或癌症用藥，所以未來我們的募資一定有困難。」楊宗穎直接點出挑戰之處。

然而從另一個角度看，目前醫學界已經有許多和慢性病、癌症、免疫等領域相關的研究，能夠進行新藥開發的題目，相對來得少；而抗生素、細菌領域的研究方向有趣、多變，加上全球近半個世紀以來，並未研發出全新的抗生素。因此長期研究細菌的楊宗穎認為，「我們的新藥十分有潛力，是First in class（同類第一）。」

依照法規，藥物進行開發時有循序漸進的固定流程，包括第一階段的新藥研究與發掘、第二階段的臨床前試驗、第三階段的人體臨床試驗，以及第四階段的新藥查驗登記。嘉登目前掌握的抗生素新藥技術，僅完成第二階段進度的30%至35%，尚未完全成熟，所以整體開發進程仍由目前擔任公司顧問的曾嵩斌繼續主導，楊宗穎則專心在實驗室內進行研究。

疫情雖使募資緩步　卻能完善新藥技術

在取得研究成果後，嘉登生技必須緊接著完成臨床前試驗（即動物實驗），以通過IND（investigational new drug，試驗中新藥）審核。因此為抗生素新藥的專利布局、尋找創投、洽談募資，必須列為近程目標，並與新藥研究同步進行，才能盡速達到「將試驗中新藥技轉藥廠，進行人體臨床試驗」的遠程目標。不過，計畫趕不上變化。2020年Covid-19疫情爆發，推遲嘉登募資的進度。

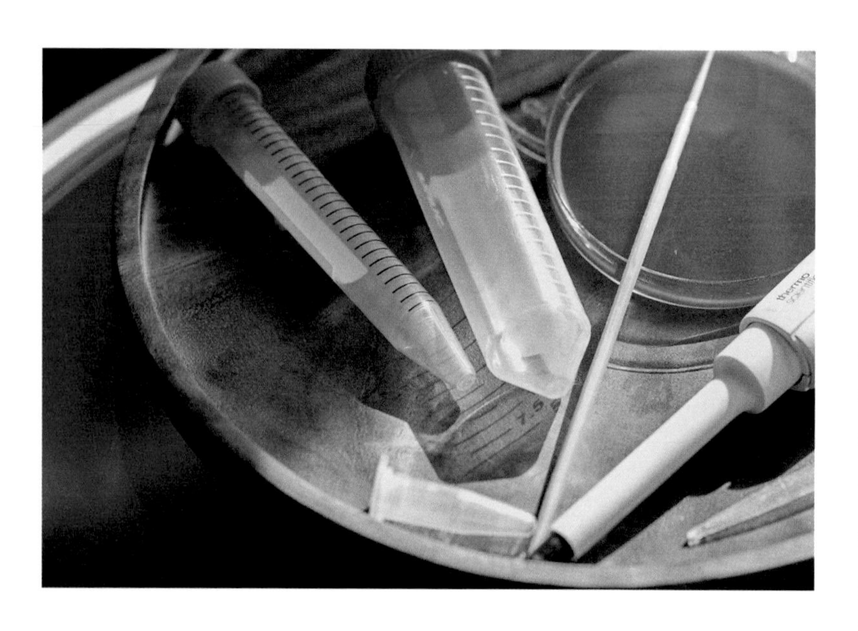

「我們原本打算開始找資金和投資人，再搭配國發基金的挹注，來進行後續的研發工作。但是疫情出現後，募資活動沒辦法舉辦，讓嘉登少了很多曝光的機會。」所以，楊宗穎在現階段必須承接藥物、細菌等相關實驗委託案，並且向政府申請大型疫苗研究計畫，以支付公司的基本開銷，維持損益兩平。不過他也把疫情當作上天賜給嘉登的準備期，利用這段警戒期間，趕緊完善專利技術，提升新藥的價值，先為新藥更好的長足發展做好準備。

「在我們的新藥還沒技轉之前，我要想盡一切辦法，持續把它往前推。如果不往前，它的價值就會一天天下降。」楊宗穎強調。

過去一直從事研究、沒上過商業課程的楊宗穎，對於自己經營公司，感到誠惶誠恐。他說，嘉登團隊雖然透過教育部U-start、科技部的FITI等創新創業激勵計畫與SPARK Taiwan（臺灣生醫與醫材轉譯加值人才培訓計畫），上了商業管理基礎理論、專利布局、公司決策等課程，也認識不少創業個案，但那些都不是貼近自己身邊的案例，「還好我的夥伴吳佳霖目前在外商藥廠工作，並就讀EMBA，她給了很多管理、行銷等實戰經驗與建議。公司有她在，我比較安心。」

嘉登生技重點發展歷程

2019年 「碲造生機」團隊成立

2020年 獲第15屆戰國策全國創新創業競賽科技應用組季軍

嘉登生技有限公司成立

設址於科技部南部科學園區管理局創業工坊

獲科技部FITI 創新創業激勵計畫創業傑出獎

2021年 推出分子技術、動物研究、細菌等三大技術平臺委託檢驗服務

新創應有責任感 不能只著眼於獲利

然而，國內從事新藥開發的公司極少，相對於全球生技醫藥主要市場的美國、英國來說，臺灣的研發能量更微弱。一些業界前輩因此對於楊宗穎創立的嘉登生技、研發抗生素新藥專利，打了一個大大的問號。

在楊宗穎心中，嘉登生技是任務導向的公司，每完成一項新技術後，必須趕快技轉給大藥廠，接著再進行下一個主題，不太可能憑著某一項新藥技術經營一輩子；「許多國外從事新藥開發的公司、實驗室，都採用這樣的經營模式，我們希望嘉登也一樣。」在參考國外的商業模式後，楊宗穎更堅持嘉登生技必須承擔社會責任：「現在的新創企業，應該要更有責任感，而不是一直想著賣東西。」

他接著解釋，臺灣缺乏抗藥性相關研究的人力與能量，許多人投注在慢性病、癌症的藥物研究上，卻不肯研究抗生素新藥；但是在未來人類很可能因為沒有適合的抗生素治療，而大量死於細菌感染。「一則國外報導提到，因Covid-19住院而死亡的病患中，有一半是因為抗藥性細菌引發敗血症所造成。我推測疫情結束後，國際又會將注意力回到對抗多重抗藥性細菌的議題上。」

換句話說，在2023至2024年，全球會再度正視並處理抗藥性細菌、醫院內感染控制等問題。這代表嘉登生技這3年必須火力全開，儘速將新藥推上人類臨床試驗階段。楊宗穎樂觀地認為，嘉登生技提供first in class的新藥，肯定非常有吸引力；在大家瘋狂尋找新的解決方法時，就是嘉登生技幫助全球人類、最好的技轉時機！

楊宗穎給未來創業家的面試題：
你們做的題目有沒有價值？團隊的創業動機？還有沒有保持學生心態？

面試題檢測點：
創業的題目沒有價值與新創性，很快就會失敗。至於創業動機必須從共好、責任感出發，例如能貢獻社會、回饋鄉里，對世界有幫助，尤其是當大家覺得需要你的時候，創業的成功性就會更高。另外，學生創業時，一旦不能拋開學生身份，就會覺得自己是來學習的，於是允許自己有失敗空間，或是為失敗找藉口。因此建議創業者要拋開學生認知，以相對成熟的「社會人士」心態，來面對創業夥伴。

羊王創映｜吳至正

務實蓄積營運能量
做好角色動畫

羊王創映小檔案

代表人：吳至正

獲U-start創新創業計畫102年補助

臺灣人愛看動畫片，但國人自製的動畫片，距離產業化、市場化還有一段需要發展的路。

小時候看《魔神英雄傳》、《海底兩萬哩》等日本經典卡通長大的吳至正，在攻讀國立臺灣藝術大學多媒體動畫藝術學系碩士時，已經意識到他畢業後，進入國內動漫產業，將會找不到學校所教育的動畫相關工作。

創業首要目標：先讓公司活下去

「我們那個世代創業的人還滿多的，不少學長、同學創業開動畫公司。」彼時，臺灣歷經2008年金融海嘯的重創，所有產業大洗牌，整個經濟環境呈現百廢待興，而吳至正剛好在那一波不景氣下，鼓起勇氣、白手起家，在2013年獲得教育部青年發展署U-star創新創業計畫的協助，成立羊王創映。

獨自奔往創業之路，沒有任何親友提供資金、創業夥伴攜手共赴的支持後盾，吳至正很務實地設定公司初期經營的目標，就是要「先活下去」！

於是他將公司的特效後製、3D動畫製作、動畫導演等技術團隊，分為人數相當的兩個業務組別。一組由廣告業界資歷豐富的人員組成，負責廣告商業案；另一組由年輕的同事組成，主要擔任創

（圖片來源：羊王創映臉書）

羊王擁有超過40個人的技術團隊，研發、製作一部角色動畫影集，至少花費1至3年。

（圖片來源：羊王創映臉書）

羊王協助公視製作兒童科普動畫影集《歐米天空》，主角「歐米」的角色設計取自貓頭鷹。

意的研發業務。「我們是用商業案賺錢支持研發，再加上我跟銀行貸款600萬元，扛起研發需要的現金流。」他這麼解釋。

責任編組各司其職　穩定內部組織

大概是聽過很多企業各部門之間，為資金、資源分配不均而爭吵的故事，吳至正為了預防可能產生的心結，乾脆將取得研發資金的責任一肩扛。此外，他特別向公司營收主力的商業組同事強調，研發組的工作是為公司未來5年做準備，務必要給年輕一輩衝刺的機會。

「兩個組雖然各做各的業務，但整體溝通是順暢的，大家會互相尊重。反正有老闆願意貸款、背負虧損。這是羊王在創業階段的3年內，能夠建構內部組織穩定、人員流動少的機制。」吳至正說。

他進一步說明，國內有許多中小型的後製公司，多數迫於產業型態與結構，會讓同一組人馬同時負責商業案與研發案，但不久後，員工開始心情不好、成就感低落。因為這組人馬不僅同時承擔商業案的業績壓力，與研發案的創新壓力，還要承擔繁重的工作量。此外，員工究竟要以創造營收的商業案為主，還是要以不計成本的研發案為主，更會讓他們產生工作目標上的混亂；如此一來，兩份工作都做不好。

「如果在創業初期，公司內部一直不合，或是工作目標混亂，那很快就會倒閉，通通都沒了！」吳至正認為，自己當初就是做對了分組分工、獨立貸款的決定，才能順利將羊王推向下一階段，轉向耕耘「角色動畫」。

回到創業主軸　嚴謹看待「原創」

動畫裡的角色，從身形、外表、個性到家族背景、從事職業、行事風格等，都需要創作者依據腳本故事，創造一個完整的人物設定。而羊王因

面對自己要做的東西，要先有使命感、認同感，然後再行動。

為設置了研發組，他們展現的研發能力，足以建立一個人設完整、故事飽滿的動畫角色，讓它成為企業品牌形象的新識別。這股能力，為客戶留下深刻的印象。

「羊王成立後，做了3年的廣告案；從第4年起，我把業務能量慢慢集中到『角色動畫』上，算是回到我當初創業的想法。」吳至正表示。

其實，吳至正的創業初衷從未消失，只是必須在適合的時機點，讓它再度面世。經過創業初期的磨練後，面對自己最愛的角色動畫時，他顯得更為低調、謙遜。

例如許多人將新的動畫故事與角色，視為原創。但是吳至正認為，「原創」一詞有些過度使用；能做到真正的原創，難度極高，必須具備豐沛的創造力，所以他不敢隨意將「原創」二字，套在羊王製作的動漫作品上。相較之下，進行動漫創作，必須保持研發的心態，研究每個角色的故事、神情、儀態、動作，「所以我覺得我們是做研發，而不是做原創。」

想名揚國際　先通過臺灣市場考驗

進入動畫產業快8年的時間，吳至正強調國內自製動畫市場還未成熟，無法與國外市場競爭。不過他接著解釋，因為臺灣人從小看美國、日本動畫長大，挑選動畫的眼光極高，只願意花錢看最

（圖片來源：羊王創映臉書）

《歐米天空》動畫中，失憶的歐米（右）遇見了小電箱（左）；他們用科學幫助大家解決各種難題。

好的動畫，所以不少發行於國際的電影上映時，會將臺灣列為重要的「水溫測試區」。因此，羊王製作的角色動畫，若要受到國際肯定，首先就得先通過臺灣市場嚴格的考驗。

目前羊王擁有超過40個人的技術團隊，研發、製作一部角色動畫影集，至少花費1至3年的時間，需要付出極大的耐心。吳至正說，臺灣動畫影集產業本來就是處在慢速運轉狀態，羊王雖然也走得慢，但是一次會比一次進步，一次會比一次做得好。「我們努力做到國內觀眾認可的『基本好』。」

近年來，各國公共電視開始投入動畫的製作，政府也希望跟上國際腳步，因此提撥預算，交由國內的公共電視，協助臺灣動畫團隊累積製作影集的經驗，培育新一代動畫人才。

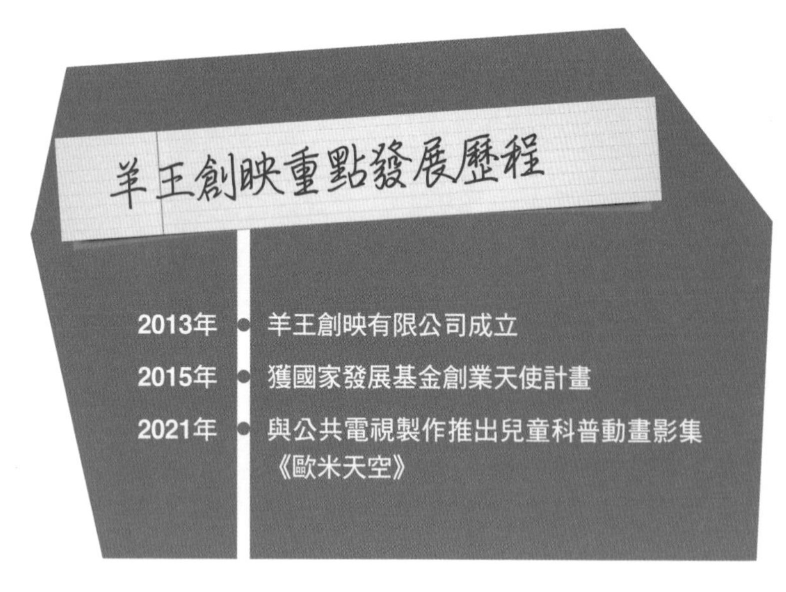

（圖片來源：科學腦巨人臉書）

羊王創映與大貓工作室Bigcat Studio為公視聯合製作的動畫影集《科學腦巨人》，適合小朋友觀看。

與公視合作 用角色動畫教科學

2021年7月底，公視推出11集、每集14分鐘的兒童科普動畫影集《歐米天空》，敘述在被機械天空壟罩的世界裡，失憶貓頭鷹「歐米」遇見了機械族「小電箱」，兩人為了阻止機械天空墜落地面，用科學解決旅程遭遇的難題，發現機械天空的秘密。

這部適合小學中、高年級觀看，片長總共154分鐘的影集，由羊王製作，總製作期約3年，光創作劇本就花了1年的時間。其中最大的挑戰是在科幻冒險故事劇情裡，融入氣壓、萬有引力、槓桿原理等科學原理的應用，以充滿趣味、深入淺出、不說教、避免幼稚感的講解方式，吸引小朋友觀看。《歐米天空》播出後，陪同小學生一起追劇的媽媽們，發現孩子會從感人的科幻劇情裡，自然而然地想要去認識科學，不禁直呼《歐米天空》的影響力實在太強大。

當初公視為《歐米天空》規劃臺幣1,500萬元經費，製作10集，但羊王團隊考量全套影集的內容完整性，願意自掏腰包，額外多製作了1集。

開發動畫影集產業 盼貴人一路同行

「我貸了很多貸款，目前還在努力還錢。」他自我安慰、又略帶點自嘲苦笑地說，當公司走向成長，會需要更多的現金流，要靠貸款去補足，「反正公司有訂單進來、有作品輸出，欠錢愈來愈多，是正常的現象。所以，我每天都處在生死存亡的時刻，想辦法挑選公司擅長發揮的合適專案。」

目前動畫產業在臺灣的發展，尚未被創造出需求，業者若要做出能發揮技術與創意、令自己滿意的作品，勢必要多花一些錢。

吳至正說，從羊王的整體發展來看，現階段雖然沒有獲利的空間，但營運還不算差；與過去相比，慢慢地走向穩定，「反正我們就做擅長的事，而且在正確的方向上前進。」對於曾經合作過的客戶，吳至正感謝他們不嫌棄羊王，願意當羊王的貴人。對於願意加入羊王的同事，吳至正更感念他們一開始的信任；如果沒有同事們齊心努力，公司絕對無法撐到現在。

事實上，貴人很難遇到，好同事很難特意求來。雖說創業維艱，吳至正卻不吝付出，一心一意就是要做好角色動畫；而任何願意與他、與羊王一同開發動畫影集產業的人，無論是客戶或是同事，都將是貴人。

吳至正給未來創業家的面試題：

如果你的創業目標，是想要改變產業，那有沒有先去了解產業的目標客群、結構等相關內容？

面試題檢測點：

「改變產業」是創業的崇高目標，但創業者應該思考，要具備哪些內容、完成哪些事，才能改變產業。我認為，創業只是改變產業的手段之一，如果到大公司就業，且能得到機會去改變產業的話，那就把握站在巨人肩膀上的機會，或許會更快達成目標。假使大公司沒有提供這樣的機會，創業或許也是一個方法！

何理互動設計｜葉彥伯

兼顧創作與獲利 建立文創產業正循環

何理互動設計小檔案

代表人：葉彥伯
共同創辦人：魏子菁、莊杰霖
獲U-start創新創業計畫99年度補助

科技的出現，不只改變了人類的生活，也透過各種充滿實驗精神的藝術融合，讓作品與觀眾產生新的互動模式，放大了美的感知。

2013年在知名藝人劉德華的世界巡迴演唱會上，100個LED燈泡懸掛在會場屋頂，隨著歌曲節奏，一下子爬升、一下子垂降，明暗不停地交錯著，變化出如同銀河淌流般的光景，烘托出演藝界天王的深情歌聲。負責這項大型燈光藝術創作的公司，並非是國際舞臺燈光音響工程的知名企業，而是來自臺灣、當時公司成立僅兩年的何理互動設計。

沒有適合的公司做有趣的事 那就自己開

何理互動設計由就讀臺北藝術大學科技藝術研究所（現改名為「新媒體藝術」）的葉彥伯、魏子菁、莊杰霖所成立。他們是同班同學，在就讀研究所期間，便開始以自己的專業，承接製作老師與同學的專案。

大學念資訊工程的葉彥伯說；「藝術創作必須從不同面向著手，而研究所班上的同學各有不同的背景，可以讓科技、藝術、創意互相融合，變得更有趣。」那時，喜歡研究新事物、把想像轉化成現實的他們，思考著「科技藝術創作」有沒有可能變成一門生意？以後有沒有市場發展潛力？而放眼望去，業界並沒有適合的公司，可以讓他們持續做這些有趣的事，所以他們決定申請教育部的U-start創新創業計畫，自己當老闆。

葉彥伯表示，過去念藝術研究所的畢業生多半認為，最好的出路就是成為藝廊簽約藝術家，再辦一些個展。「但是在科技藝術領域上，一個人很難做出完整的創作，因為一件作品需要關注技術面、整體造型、美感、機電控制、整體包裝等等細節，只憑一人之力沒辦法全都顧好，應該要一個團隊才能做起來。」

一場舞作 贏得國際獎項和巡演契機

在何理互動成立初期，葉彥伯、魏子菁、莊杰霖接受北藝大學妹委託，於2010年前往法國亞維儂藝術節協助舞蹈演出時的科技創作。他們將舞者每跳完一場舞蹈後所即時錄下的影像，於裝置100個LED燈具的舞臺上播放，透過不斷高低移動與明暗變化的光點，創造出前一場虛擬舞者與這一場真實舞者交錯共舞的視覺效果。

這支討論場域、人與機械關係的獨舞作品，緊緊抓住觀眾的眼睛與耳朵，引起熱烈的討論，實驗非常成功。接下來，他們為一當代舞團YiLab.的舞作《W.A.V.E.城市微幅》，設計舞臺動力演出裝置，並在2013年以此獲得有「劇場界奧斯卡」之稱的英國「World Stage Design」金獎。何理互動的燈光藝術創作，因此開始被國外藝壇討論；劉德華世界巡迴演唱會的香港籍導演就是看了《W.A.V.E.》的舞臺呈現而主動登門洽談。

何理互動設計想以經營實績證明：藝術可以當飯吃。

「那時我們三人不到30歲，何理又是一家小公司，竟然可以打動一個導演，讓他相信我們可以做好這樣千萬元級的演唱會製作案。」葉彥伯認為，承製劉德華演唱會的開場藝術動力裝置，是何理互動的重要里程碑，「這不僅可以累積大型製作的經驗，如果做得好，也代表著我們對於大型演唱會的複雜度、強度，有良好的控制能力。」

創業很好玩、很有趣，好好去體驗喔！（表情～不可思議的笑容）

視野格局世界級 跨國機會紛湧現

於是，三個人先在臺灣租用大型廠房，模擬演唱會舞臺場地，以進行燈光藝術創作。完成舞臺燈光的動力設備製作之後，他們隨即飛往演唱會現場組裝設備、演練流程。

「現場匯集中國、日本、美國等資深國際舞臺工作團隊，而我們是最年輕的一支。我們所有的燈具都掛在空中，看起來很危險，所以必須做好每一處施工、每一項操作。」葉彥伯回想著，有時他們動作比較慢，或是發生突發狀況，舞臺監工馬上斥喝；一群中國民工立刻拿著工具，圍在他們四周等他們指揮，現場充滿緊迫逼人的壓力。

經歷過大型製作的磨練，透過國際展演拓展寬廣視野與執行高度，何理互動從此不但在國際間發光，口碑、知名度與創作能量也日益茁壯；公司成員從原本的3人成長到12人。「我們一直沒有正式的業務人員，不曾對外大肆行銷、發宣傳單，幾乎是客戶來找我們。」葉彥伯指出，何理互動比較像專做高級訂製服的國際品牌，以專業服務為業主專心設計規劃，而業主的預算也足以

何理互動在劉德華2013世界巡迴演唱會，以100個LED燈泡創造銀河淌流的效果。

2012年楊丞琳演唱會中，何理互動所設計的特殊服裝裝置。

支應何理互動進行創作上的新嘗試。

目前何理互動執行的案例，以科技藝術或委託製作為主，公司同仁做得趣味十足，達到葉彥伯所說的「幸福狀態」。他認為，如何讓大家能在藝術創作領域中過上不錯的生活，是件重要的事。

找對商業模式 藝術可以當飯吃

藝術不能當飯吃，是很多人的傳統看法；但何理互動正在扭轉這樣的偏見。在經營上，何理互動兼顧創作所需要的理想性，與公司必須的獲利需求，不過理想性比重會略高於獲利。為了累積公司的創作能量，三位創辦人會透過公司內部實驗案，鼓勵同仁進行創作，再把這些創作整理成資料庫，將來若遇到適合的委託案，便有現成的素材可以運用。與客戶提案時，則會善用作品口碑與執行經驗，並在聆聽需求、了解想像與期待後，找出最適合的設計方式與風格進行提案。

何理對外能讓客戶信賴，對內則是眾口如一、志同道合。當初從零元創業起家，並向U-start提案時，三位創辦人針對公司的營運、業務發展等策略方向，已經進行深度討論並達成共識。「我們3人的股權一樣，工作的重要性也一樣，這會讓大家擁有好的合作關係，彼此會為了公司的整體發展一起往前邁進。」葉彥伯強調。

然而創業的路途，總會不時出現意外的難題。例如，Covid-19疫情席捲全球，讓何理在2020年不得不取消海外會展合作案，營收頓時少了許多，必須轉向政府申請補助案、投件公共藝術設計案，以支應薪資、房租等開銷。

何理互動設計重點發展歷程

2011年
- 何理互動設計有限公司成立
- 受邀至德國柏林展出《W.A.V.E.》表演裝置

2013年
- 承製「2013劉德華世界巡迴演唱會」巡迴開場藝術動力裝置
- 榮獲英國「World Stage Design」Interactive & New Media金獎

2015年
- 參加中國上海「流光聖誕」藝術展覽，獲評為上海五大奇幻聖 樹

2016年
- 承製「Future Lab」工研院國家解密寶藏藝術展覽裝置
- 榮獲中國「太庫杯創新創業大賽季」團隊組首獎

2017年
- 榮獲臺灣「World Stage Design」Alternative金獎

2018年
- 承製「薛之謙摩天大樓世界巡迴演唱會」藝術動力裝置

2019年
- 榮獲澳洲NOW Awards「Collection 12」銀獎
- 「#define Moon_ 觀月計畫」作品永久典藏於中國北京798藝術區

2020年
- 榮獲臺灣「X-Site計畫」首獎

2021年
- 榮獲義大利「A' Design Award & Competition」國際競賽金獎
- 承製「永恆之曜 Perpetual Phases」巨大集團總部形象裝置
- 「內隱幾何 Implicit Geometry」北部流行音樂中心文化館藝術裝置
- 策劃「reSync:Love」臺灣首檔NFT視覺藝術展

「這是『渡時機』（臺語）的做法。」葉彥伯說，等疫情趨緩後，他們會回歸原位，做國際、大型的藝術展覽或商業合作案，並且還要發展自有品牌商品，包括單價高、有收藏價值的燈具，以及適合大眾發揮創意的新媒材創作材料包。此外，何理互動將會持續舉辦「打開臺北—Open House Taipei」活動，開放自家辦公室供外界參觀，透過開箱何理互動，與對藝術、設計有興趣的民眾，展開第一手的交流。

2018年為第53屆金鐘獎設計的舞臺視覺。

從創業實現自我　初心始終如一

「我們現在擁有一點小成績，可以慢慢找其他有趣的事來做。」葉彥伯與其他兩位創辦人，常常接受學校的邀請，演講暢談自己的藝術創作、何理互動的公司經營，讓藝術、設計科系的學生，對於未來發展多了一些新想像。

不說大話、畫大餅，想辦法做好每一件創作、委託案，是葉彥伯、魏子菁、莊杰霖自創業以後，始終如一的表現。「其實我們不急著讓何理趕快長大！開公司並不是為了有錢，而是自我實現，有錢是附帶的功能；但我們相信未來會有錢。」他們會用這間公司，證明藝術可以當飯吃，更可以不設限地完成創作夢想。

葉彥伯給未來創業家的面試題：
為了達到創業的目標，你能持續的付出與改變嗎？

面試題檢測點：
進入創業狀態，中間會遇到很多當初自己想像不到的困難，像是缺乏資金、財務管理能力不足、創業夥伴吵架等，都需要花時間去學習、改變自己個性去妥協，才能解決問題。處理事情也不需要硬碰硬、衝破頭，那太消耗能量，可以有另外理解事情的方法，同時也不違背自己的本意，讓大家能順利共赴目標。

浪犬博士狗兒家庭教育學院｜林子馨

致力人狗和諧相處 減少浪犬問題

浪犬博士狗兒家庭教育學院小檔案

創辦人：林子馨（左）
代表人：施君宜
獲U-start創新創業計畫109年度補助

許多人因為喜歡狗而養狗。但是如果不懂得與狗相處，那可能會造成令人感傷的遺憾。

創業動機 來自幼時悲傷回憶

浪犬博士狗兒家庭教育學院創辦人林子馨，小時候養過一隻法鬥犬「阿卡」，後來房東受不了阿卡吃大便的脫序行為，家人只好把阿卡送給鄉下的親戚。過了3年，阿卡誤食農藥而過世。

回想起這段傷心的往事，林子馨直言那是她的無知，讓阿卡承受那麼多痛苦。「牠胡亂大小便，我會緊張地帶著牠去聞尿尿、大便，斥喝牠『不可以』，把牠關進廁所。」沒想到這樣的威嚇引起反效果。阿卡為了不讓林子馨生氣，乾脆吃掉大便，煙滅證據。

「那時我不會教阿卡，沒有機會跟牠好好相處，是滿大的遺憾。」阿卡的逝去，成為林子馨深深記印的悲傷過往。

然而，林子馨與狗狗的緣分，並未就此終止。長大後，她在森林小學擔任校內社團養狗社的指導老師，她一邊從網路找教育狗狗的資料，一邊教導學生與學校收養的13隻流浪狗相處；「我教孩子看懂狗狗的肢體語言，例如狗狗瞥頭、打哈欠、露出眼白，代表牠開始緊張，這時就不能靠近。」

人與狗可以一起過得開心自在，才能解決棄養問題。

Enjoy the journey，享受每一個過程。

浪犬的社會議題 源於人狗相處問題

流浪狗，也就是「浪犬」，是臺灣社會多年無法解決的難題之一，「不論做了多少結紮，或是教育、送養也好，只要有一隻狗被棄養，浪犬議題就不可能有被解決的一天。」林子馨說，不管是人還是狗，都需要透過教育，來學習與對方好好地相處；唯有人與狗可以一起過得開心、輕鬆、簡單，才有辦法解決狗狗被棄養的問題。

於是，這個想法進一步啟蒙她當狗狗訓練師的決心。她與同樣關心浪犬議題的高中學姊翁欣怡，在2016年組成「浪犬博士」，想要解決飼主棄養的家犬與浪犬被領養後又被退養，以及繁殖場亂象等問題。談到取名「浪犬博士」，林子馨解釋，這名字並不是說她們兩人有多厲害，而是人們應該把浪犬視為生命教育中，取得博士學位的老師，以謙遜的態度向狗狗學習。

一開始，林子馨與夥伴在動物收容所當志工，想辦法把浪犬送養出去。過了兩、三個星期，領養人把狗狗退給她們，還氣呼呼地說小狗亂大小

進入國中小校園進行動保教育，生命教育從小做起。

便、愛亂叫，指責她們怎能把這種狗送養出去。

「這令人有點悲傷，當下會很心寒！」但她們發現這並不是單一個案，於是走訪全臺12家動物收容所、動物之家展開調查，發現每五隻送養的浪犬，就有一隻被退養，退養率高達20%；這不僅造成先前投入送養的資源被浪費，而且狗狗還錯過了送養黃金期。例如幼犬從出生到4個月大，是牠們一輩子只有一次的學習黃金期，這個階段將決定長大後的性格與行為；如果幼犬在此時經歷不好的送養經驗，將會對牠產生負面影響。

飼主如同家長 養狗也需要學習

其實浪犬的社會議題錯綜複雜，林子馨觀察國內送養浪犬模式的問題點，幾乎都是領養人看了狗狗30秒，因為狗長得可愛，就決定領養。她認為在不了解這隻狗的背景、性格、相處模式，就要跟牠過一輩子，這很不合理！「養狗要花很多時間、精力、金錢，照顧牠的食、衣、住、行、育、樂，跟養小孩很像。家長（也就是飼主）必須學習更多知識，來幫助狗狗適應。」林子馨這麼說。

為了降低棄養率，浪犬博士與收容所合作，推出「來和浪犬住一晚」的送養活動，透過領養人與浪犬相處兩天一夜的時間，以及一系列的互動課程，為狗狗找到一個適合的家。接著，林子馨從2017年起陸續拿出約近百萬元的存款，報名國內外的寵物訓練師課程，學習訓練狗狗的方法，取得受業界推崇的國際認證，成為狗狗訓練師。

「我們後來將團隊名稱改為『浪犬博士狗兒家庭教育學院』，也把家犬納入服務對象，做到浪犬、家犬無差別對待，並且以狗狗家庭為單位，設計系統性、低門檻的狗狗訓練及飼養課程，教育狗狗也教育家長，讓彼此互相尊重、理解、同理，找到和諧相處的模式，就不會產生棄養。」林子馨強調。

此時，浪犬博士的營運，定錨在兼顧營利與社會價值的社會企業，並積極找尋商業模式。2018年時，浪犬博士將模組化訓練課程，轉換為線上課程，成功在嘖嘖募資平臺募資了20萬元，抓住第一波早期消費者。

線上訓練課程的推出，領全臺之先，是浪犬博士發展上第一個里程碑。林子馨指出，當時很多飼主沒聽過訓練師的服務，即使有聽過，也是每小時要價2千至1萬元的昂貴選項，而且訓練師多集中於臺北，其他縣市的家長就算有錢，也不一定找得到合適的訓練師。

忽略需求遭挫敗 國外取經擁願景

「所以，系統性線上課程有其必要性。這些課程跨越時間、空間的限制，透過網路就能在家學習，且費用較為便宜。」林子馨表示，浪犬博士團隊拍攝訓練影片上線播放，每週還有視訊團隊班，由訓練師遠距教導家長與狗狗，而家長也必須拍攝自己訓練狗狗的影片作業，回傳給團隊批改。課程內容的設計與互動教學方式，得到家長極多的迴響。

參加線上課程的狗狗家長遍布全臺，還有來自英國、香港、南非的華人，顯見華人市場的需求性。到了2019年，浪犬博士第三度開設線上課程，林子馨把所有資源投入其中，最後卻發現招生只完成20%，「事後分析發現，我們太專精在訓練這部分，行銷模式、課程內容卻沒有貼近市場需求，都用訓練師的mindset（心態）去做，忽略家長們其實沒有那些需要。」那一次，資金全部用盡，是浪犬博士遭遇的大挫敗。

「浪犬博士」團隊望每隻浪犬最後都有一個溫暖的家。

浪犬博士狗兒家庭教育學院重點發展歷程

- **2016年** 組成團隊
- **2017年** 教育部青年發展署Rethink Taiwan 2027青年迴響計畫最終獲獎團隊
- **2018年** 推出臺灣第一個狗兒線上訓練課程
- **2019年** 舉辦「快樂狗日子－全臺第一個人狗關係展」
- 獲得教育部青年發展署「Young飛全球行動計畫支持」，前往英國、荷蘭進行12天參訪
- **2020年** 浪犬博士狗兒家庭教育學院成立
- 榮獲新創千里馬競賽商業服務組金獎、桃園社會企業創業競賽優勝、
- 2020TiC100社會創新實踐家社會貢獻獎

但浪犬博士並不氣餒，並在教育部青年發展署「Young飛全球行動計畫」的支持下，所有團隊成員前往英國、荷蘭12天，參訪當地的動物保護組織、毛小孩訓練單位。

「這讓我們看到未來真正想要的願景，是可以實現的！」林子馨舉例：英國倫敦市郊旺茲沃思倫敦自治市（Wandsworth）所轄的犬隻管理單位Dog Control Unit，負責捕犬、寵物節育、晶片註冊、執行地方自治法規、進行動物宣導教育等工作。單位人員只有4位，卻能做到將對接的政府資源，落實在動保警察的執法上，同時也與民間展開大量合

作，確保動保的政策與教育可以被落實。

這趟行程不光是參訪，浪犬博士也隨機訪談當地民眾，驗證動保教育是否成為普世價值。林子馨指出，英國整體社會氛圍重視動物保護與福利，認為家長與毛小孩上訓練課程是理所當然，也非常尊敬Dog Control人員所做的工作。社會的支持加上Dog Control每位人員百萬新臺幣的年收入，這群官方動保工作者因此成為浪犬博士成員起而效尤的典範。

從線上課程 累積持續茁壯的實力

因為曾一起到國外取經，浪犬博士團隊凝聚力明顯提升。他們先舉辦全臺第一個人狗關係展「快樂狗日子」，接著林子馨跟家人朋友借了一筆錢，正式立案成立公司，並參加教育部青年發展署的U-start創新創業計畫，打造第一代公司制度。浪犬博士於是邁進第二個里程碑。

「我們是很容易受『意義』感召的團隊。我們認為下一代的教育很重要，因此進入國中小校園做動保教育。」林子馨不諱言，團隊想做很多事，卻導致她與翁欣怡對於公司在發展方向上產生分歧，於是兩人決定拆夥。這是林子馨在創業路上，遭遇的第二個挫折。浪犬博士目前正進行整頓，先暫緩校園動保教育，全力聚焦、衝刺線上課程，因應後疫情時代的市場。

她強調，狗兒家庭教育的線上課程，是浪犬博士的優勢；課程收入能支持公司在創業初期站穩腳步，慢慢累積未來營運能量。「因此，我們先從線上課程存好足夠的資產，接下來再開設師資培訓課程，訓練一批生命教育老師，進入校園擴大影響力。」林子馨的下一步，則是進軍全球華人市場，希望為華人生活圈注入暖心的生命教育。

臺灣狗兒家庭教育市場正在萌芽，但尚未大到業者彼此競爭的規模。因此浪犬博士期待結合各方力量，共同把市場做大，不僅促使人與狗的和諧共處，也希望每隻浪犬，最後都有一個溫暖的家。

林子馨給未來創業家的面試題：
請談談你的創業家特質？

面試題檢測點：

每一個時代所創造出來的創業家，各有不同的特質，所以這問題沒有標準答案。10幾年前，人們想成為蘋果創辦人史蒂夫 賈伯斯（Steve Jobs），現在的人則想成為特斯拉的馬斯克（Elon Musk），但這兩個人很不一樣。所以創業家樣貌百百種。我認為，創業家具備的特質，是必須針對社會需要，創造出一些價值，能夠幫助一些人，並且能夠朝向自己的目標邁進，這樣創業也能成為一條打造願景的道路。接下來，靠你去開創！

國家圖書館出版品預行編目(CIP)資料

U-start, Youth Star ： 30 個構築世界的創業夢想 / 李幼寅, 周君怡, 莊安華撰文 ； 李幼寅主編. -- 初版. -- 臺北市 ： 教育部青年發展署, 2021.12
面； 公分
ISBN 978-986-0730-87-6(平裝)

1.創業 2.企業管理 3.個案研究

494.1 110020202

U-start, Youth Star—30個構築世界的創業夢想

企劃製作 商周編輯顧問股份有限公司
專案策劃 單筱輝、楊依宸
專案執行 李芳妤、趙彥博
地址 104臺北市中山區民生東路二段141號12樓
電話 (02) 25056789
傳真 (02) 25037668

主編 李幼寅
撰文 李幼寅、周君怡、莊安華
攝影 梁忠賢 (STUDIOX)、盧春宇
封面設計 符思佳
美術設計 符思佳
圖片提供 各受訪者

發行單位 教育部青年發展署
發行人 陳雪玉
地址 100臺北市中正區徐州路5號14樓
電話 (02) 7736-5111
網址 https://www.yda.gov.tw
版次 2021年12月初版
ISBN 978-986-0730-87-6 (平裝)

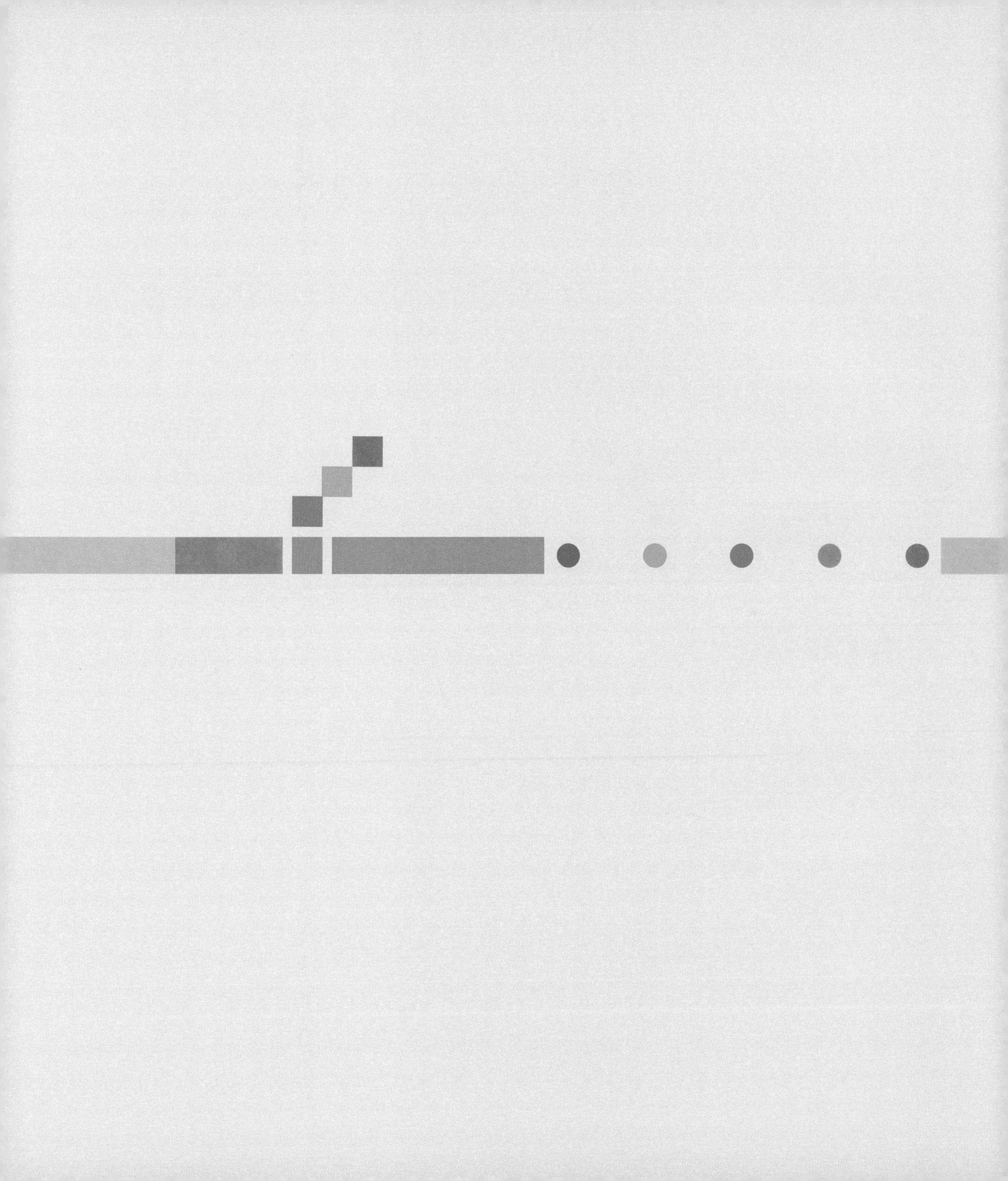

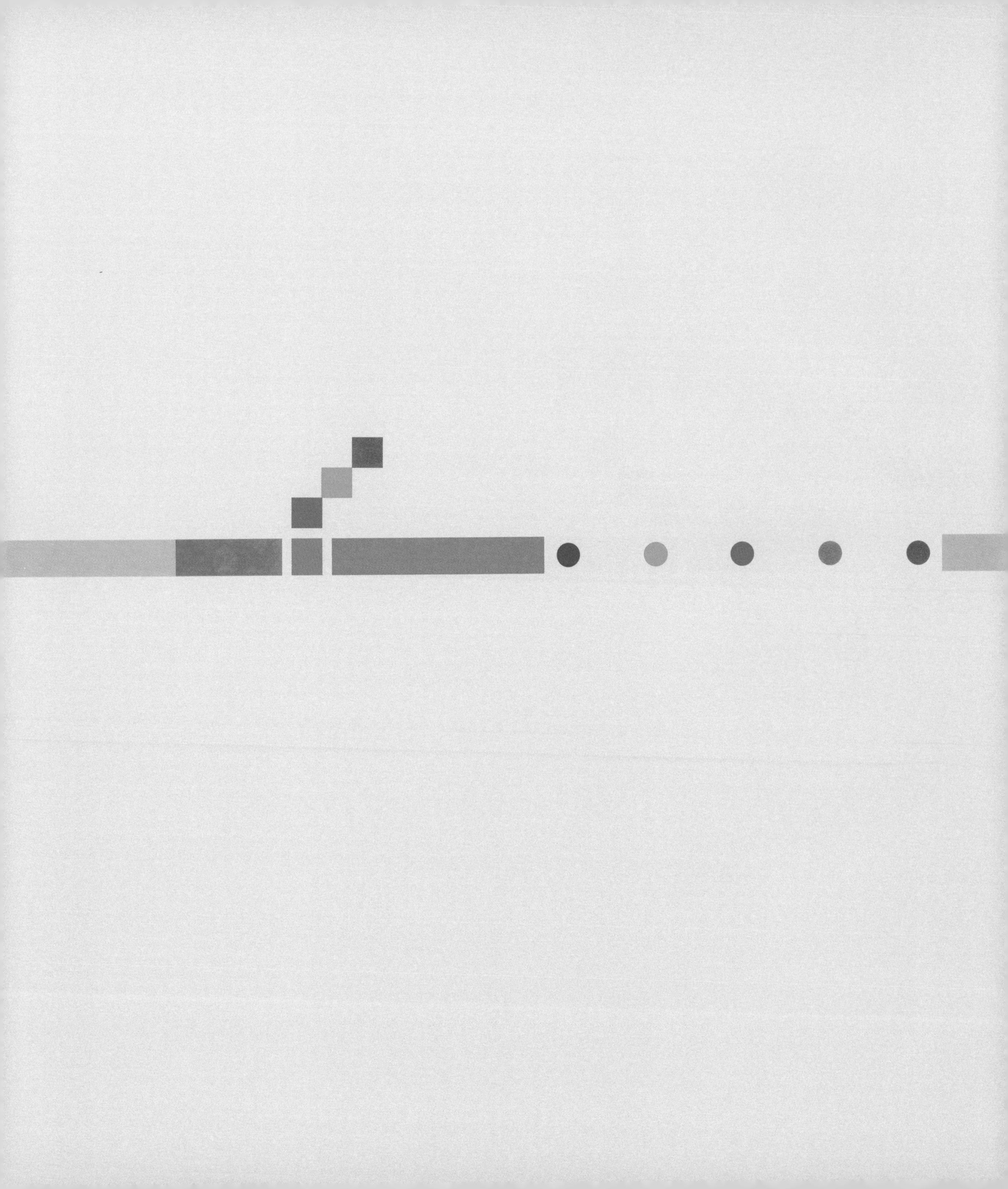

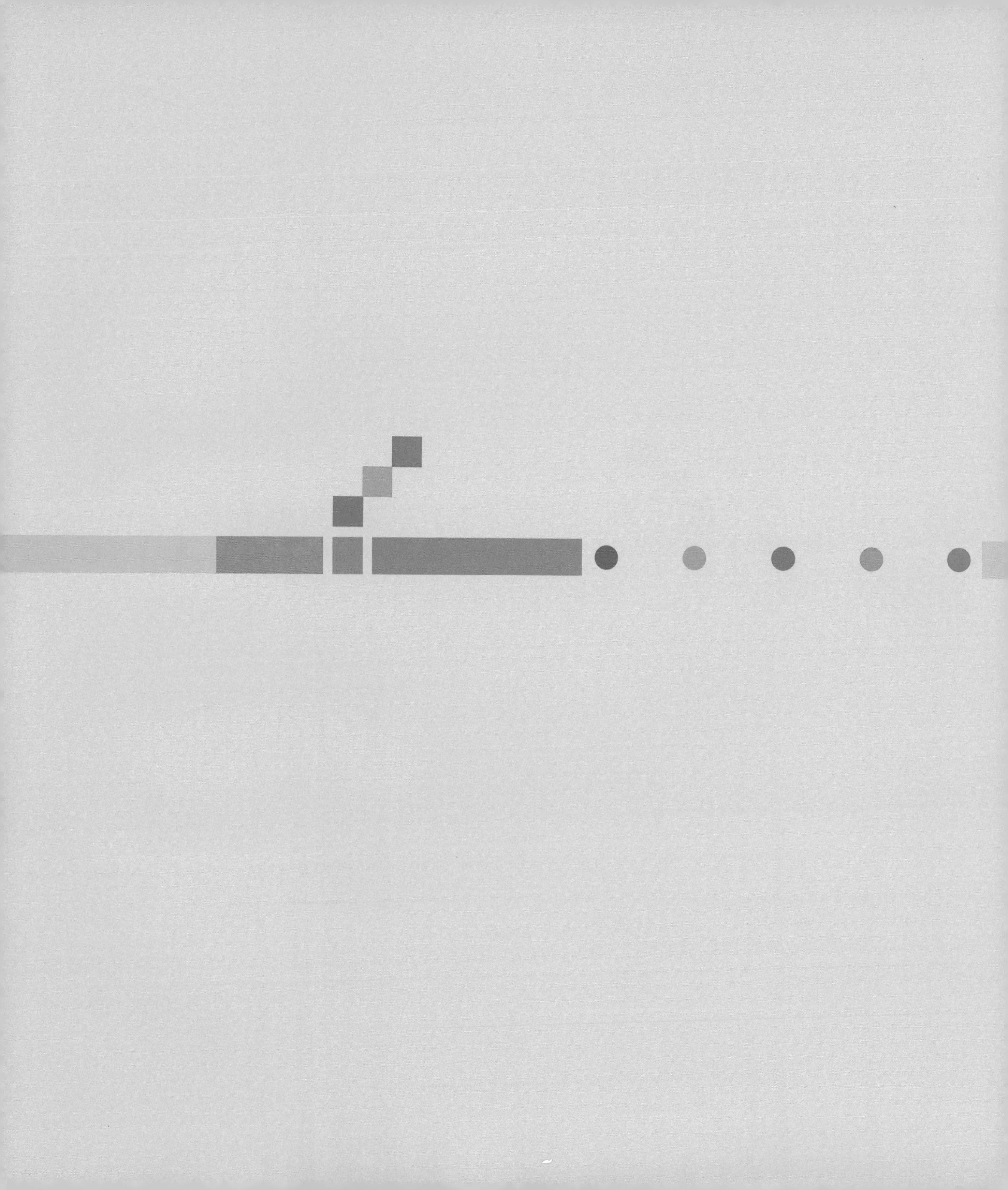